Govindasamy Agoramoorthy

Reabilitação de primatas

Govindasamy Agoramoorthy

Reabilitação de primatas

Observações no terreno

ScienciaScripts

Imprint

Any brand names and product names mentioned in this book are subject to trademark, brand or patent protection and are trademarks or registered trademarks of their respective holders. The use of brand names, product names, common names, trade names, product descriptions etc. even without a particular marking in this work is in no way to be construed to mean that such names may be regarded as unrestricted in respect of trademark and brand protection legislation and could thus be used by anyone.

Cover image: www.ingimage.com

This book is a translation from the original published under ISBN 978-620-2-06909-0.

Publisher:
Sciencia Scripts
is a trademark of
Dodo Books Indian Ocean Ltd. and OmniScriptum S.R.L publishing group

120 High Road, East Finchley, London, N2 9ED, United Kingdom
Str. Armeneasca 28/1, office 1, Chisinau MD-2012, Republic of Moldova, Europe
Printed at: see last page
ISBN: 978-620-8-23267-2

Prefácio

"Estudar *a natureza, pousar aatusa, e ficar perto da natureza. Nunca falhará EM SEGUIR O EXEMPLO DE Frank Lloyd Wright.*

O objetivo deste livro é apresentar aos leitores os desafios da conservação de primatas não humanos a nível global, com estudos de caso sobre o salvamento, a reabilitação e a libertação de macacos e símios em vários países de continentes como a Ásia, a África e a América do Sul. Sintetizei as minhas experiências de investigação no terreno, ao longo de mais de três décadas, dirigidas a várias espécies de macacos e símios em perigo de extinção. Este livro destaca alguns problemas de conservação cruciais e frequentemente ignorados que a sobrevivência de macacos e símios enfrenta no mundo contemporâneo.

Começo o livro com uma breve introdução baseada na minha experiência de campo no estudo de várias espécies de macacos e símios na Ásia, África e América do Sul. Também relato os procedimentos de reabilitação de grandes símios como os orangotangos no Bornéu e os chimpanzés em África. O livro abrange também o salvamento, a reabilitação e a libertação de macacos formosos em Taiwan.

A sociedade humana tem a obrigação moral de proteger os primatas em vias de extinção para as gerações futuras, simplesmente porque estão perto de nós. Por isso, é vital escolher programas de desenvolvimento significativos para melhorar não só a conservação da natureza, mas também a sobrevivência humana na nossa região e para além dela. Neste livro, apresentei dados principalmente sobre o salvamento, a reabilitação e a libertação de macacos e símios de volta à natureza.

Ao longo das últimas três décadas, muitas pessoas, incluindo a minha família, amigos e colegas, de várias organizações e nações, ajudaram-me

de muitas maneiras. Tenho uma dívida de gratidão para com todos eles. Devo dizer que tive uma carreira gratificante como naturalista. Gostava de observar macacos e símios nos seus habitats naturais nas florestas. Dei alguns contributos significativos para a conservação da natureza nos países tropicais. Espero que as minhas experiências de trabalho de campo motivem a próxima geração de naturalistas a tornarem-se futuros líderes mundiais na conservação da natureza, para que possam proteger todas as criaturas selvagens, especialmente os nossos primos primatas.

Agora apercebi-me de uma coisa com toda a certeza. Mesmo os objectivos difíceis de atingir podem ser alcançados com uma forte determinação, trabalho árduo e pensamento constante para os atingir. Embora tenha conseguido o que queria, continuo a ter prazer em andar de selva em selva para apreender os milagres ininterruptos da natureza que certamente satisfazem a minha alma ao serviço da humanidade.

Govindasamy Agoramoorthy, Ph.D.
Professor de Investigação Distinto
Universidade de Tajen, Taiwan
Tata Visiting Chair, Fundação Sadguru, Índia
Correio eletrónico: profagoramoorthy@yahoo.com

Índice

Este livro é dedicado a

Os primatas da Ásia, África e América do Sul

CAPÍTULO 1

A beleza de ser um naturalista

"Um toque da natureza acorda toda a gente" - William Shakespeare

Introdução

Cresci numa pequena cidade chamada Sirkali, situada no delta de Cauvery, no estado de Tamil Nadu, no sul da Índia. A cidade é famosa pela sua associação com a lendária criança santa, Thirugnana Sambandar, que viveu na dinastia Chola durante o século 7th d.C. Começou a cantar canções literárias em tâmil, louvando o Senhor Shiva, ainda muito jovem. Ofereceu a literatura védica *Thevaram*.[1] Quando a minha mãe quis ter um filho varão, rezou a Agoramoorthy, uma das 64 formas de Shiva, num templo próximo, na aldeia de Tiruvengadu. Juntamente com Brahma, o criador, Vishnu, o protetor, e Shiva, o destruidor e regenerador, constitui um terço da trindade dos deuses hindus. Depois de as preces da minha mãe ao Senhor Shiva terem sido atendidas, eu nasci e, por isso, recebi o nome Agoramoorthy. Só um punhado de amigos o conseguia pronunciar corretamente e, por isso, chamo-me Moorthy~ um apelido usado pelos meus pais.

Crescer no campo

A minha aldeia não tinha eletricidade nem indústrias. Os chamamentos dos gaios-azuis e dos periquitos-rosas que se aninhavam nos nossos coqueiros eram o meu despertador para alertar o amanhecer durante a infância. Os gritos das corujas dos celeiros avisavam-me da hora de ir para a cama. Gostava de nadar com os meus amigos no afluente do rio sagrado Cauvery que passava por trás da minha casa. Quando estava no 4th ano, faltei às aulas durante uma semana e nadei diariamente no rio Cauvery com os meus amigos até o meu pai me encontrar. Essa foi a única vez que me lembro de o meu pai me ter castigado. Por isso, sentiu-se triste durante meses. Embora o meu interesse em nadar no Cauvery tenha terminado a partir desse momento, o rio sagrado influenciou certamente a minha vida desde então. Continuei a concentrar-me nos estudos até me licenciar com um doutoramento aos 26 anos.

O rio Cauvery, tal como o Ganges que corre mil quilómetros a norte, é venerado e considerado um dos rios sagrados da Índia.[2] Reza a lenda que Vishnumaya (filha do criador Brahma) foi adoptada por Kaveramuni. Em devoção filial ao seu pai adotivo, Vishnumaya transformou-se num rio cuja água purificaria dos pecados aqueles que nele se banhassem. Acredita-se que até o sagrado rio Ganges se junta periodicamente ao Cauvery através de uma ligação subterrânea oculta para se purificar da poluição causada pelos pecadores que se banham nas suas águas. Embora o meu amor de infância pelo rio Cauvery tenha permanecido adormecido durante décadas, só me apercebi da grandeza do rio há uma década, quando comecei a estudar o magnífico projeto de engenharia do Grande Anicut no delta do Cauvery.

Dos correios à primatologia

Depois do liceu, fiz a licenciatura em zoologia e o mestrado em biologia da vida selvagem na Universidade de Madras. Queria ver mais da Índia, por isso fui para longe, para o Rajastão (Universidade de Jodhpur), para fazer a investigação de doutoramento em primatologia. Caso contrário, teria ficado no sul da Índia, onde consegui um emprego público numa estação de correios. Fui um entre uma dúzia de jovens selecionados para o emprego por ter tido boas notas na universidade. Seguro, mas aborrecido com a morte, decidi dedicar-me ao estudo da natureza. Quando contei isto ao meu chefe de escritório, ele perguntou-me porque é que eu tinha decidido deixar um emprego seguro com uma pensão garantida para toda a vida. Então, perguntei-lhe como é que ele tinha acabado como superintendente. Ele disse, com orgulho, que tinha começado como escriturário e que, ao fim de 25 anos, tinha conseguido uma sala com ar condicionado como supervisor. Mesmo assim, segui em frente, pensando que o mundo devia ser definitivamente maior do que qualquer estação de correios.

Duas décadas mais tarde, conheci o meu colega de liceu Natarajan, que era um orador eloquente. Entrámos para os correios na mesma altura. Fiquei chocado quando o vi a fazer piquetes em frente à estação de correios da minha cidade natal com os seus camaradas e a gritar por um aumento de salário. Vários estudantes brilhantes que obtiveram notas altas na escola e na faculdade, como Natarajan, receberam empregos de secretária do Governo. Embora isso tenha aliviado a pobreza de alguns, tornou-se um obstáculo ao crescimento de outros, que poderiam ter contribuído mais para a nação se tivessem prosseguido estudos superiores.

O antigo Primeiro-Ministro da Índia, Jawaharlal Nehru, escreveu em 1946: *"Entre os nossos milhões de pessoas, quão poucos recebem qualquer tipo de educação; quantos vivem à beira da fome... se a //fe lhes abrisse as portas e lhes oferecesse comida e condições de vida e oportunidades de crescimento, quantos entre esses milhões seriam eminentes cientistas, educadores, industriais e artistas, ajudando a construir uma nova Índia e um novo mundo".3*

Um outro amigo, RR Mohan, disse-me que não eram muitos os jovens que viviam na pobreza que tinham a coragem de se demitir de empregos públicos para se aventurarem no desconhecido em nome da investigação. Disse-me, sem rodeios, que eu corria riscos elevados. Respondi-lhe que a vida é feita de milagres codificados com riscos elevados. Eu tenho o hábito de correr riscos para explorar o exótico e o desconhecido do Universo. Naturalmente, o meu pai achou que eu era muito louco por deixar um emprego público para vaguear na selva. Mas, em 1982, deixei o emprego garantido na mesma e fui explorar a beleza das aves com o lendário ornitólogo indiano Salim Ali.[4]

Observar os macacos

Quando comecei a observar os fascinantes langures de Hanuman nas selvas de Mudumalai, no sul da Índia, para um trabalho de tese de mestrado em 1980, tive um sonho louco de estudar os fascinantes macacos e símios nas selvas impenetráveis de África, da América do Sul e do Sudeste Asiático. As selvas tropicais albergam vários tipos de primatas estranhos que vão desde os pequenos saguis até aos chimpanzés gigantes. Mas eu não tinha fundos nem o apoio de dadores para levar a cabo uma missão tão selvagem e impossível. Mas o sonho transformou-se gradualmente num pensamento que ficou a reverberar na minha mente de forma errática.

O autor observa macacos na selva indiana em 1982

A oportunidade surgiu dois anos mais tarde, quando recebi uma carta do principal primatologista indiano, SM Mohnot (conhecido por SM). Conheci SM através do diretor da vida selvagem, M Johnson, que supervisionou o trabalho da minha tese de mestrado sobre os langures de Hanuman na selva de Mudumalai. Johnson é um naturalista de renome que foi pioneiro na investigação sobre a vida selvagem no meu Estado natal. Inspirou muitos biólogos, incluindo eu. Quando recebi a carta da SM, estava a trabalhar como assistente de investigação de Salim Ali na Sociedade de História Natural de Bombaim (BNHS). O meu trabalho consistia em colocar faixas de aves migratórias no Santuário de Point Calimere, um paraíso para as aves. No entanto, gostava mais de observar os macacos-prego na floresta do que as aves. A mera semelhança entre macacos e humanos motivou o meu interesse em tornar-me primatologista.

Despedi-me dos amigos do BNHS, Bala, Faizi, Sugathan e outros e parti. Contei ao meu pai a minha viagem a Jodhpur para explorar os macacos. A sua pergunta estranha intrigou-me: "Porque é que vais até à fronteira com o Paquistão para ver macacos, se eles vão à tua quinta todos os dias"? Ele apontou para o grupo de macacos-bonnet que vivia na minha quinta. Mas eu mal tinha uma resposta para a sua estranha pergunta e por isso fui-me embora.

Enquanto viajava de Sirkali para Jodhpur, passando pelas regiões central e norte, vi a enorme dimensão do país, quilómetros e quilómetros de natureza selvagem com quase nenhuma população. O comboio durou três dias até eu aterrar em Jodhpur. Vestindo uma t-shirt em dezembro e não conhecendo a variedade do inverno do Norte, esperei na estação de comboios até que SM viesse receber-me. Eu era o seu primeiro aluno do sul da Índia. Depois de me ver a lutar contra o vento gelado, ofereceu-me o seu casaco que me aqueceu imediatamente. Quando SM me atribuiu um tema para um estudo de doutoramento sobre o comportamento reprodutivo dos langures de Hanuman, disse-lhe que o meu interesse era explorar o infanticídio ou a morte de macacos bebés por novos machos do grupo. Ele mostrou-se relutante e disse que seria difícil testemunhar o infanticídio. Perante a minha insistência, permitiu que eu prosseguisse o meu objetivo e arranjou um quarto no albergue da universidade, a 6 milhas de distância do macaco mais próximo. Mas eu queria ficar perto dos macacos e encontrei uma gruta perto dos langures onde vivia um santo local.

O autor observa um macaco probóscide selvagem nas selvas do Bornéu

Com a autorização do santo, vivi lá e segui os langures diariamente. Era uma gruta maravilhosa, quente no inverno e fresca no verão. Era melhor do que os hotéis de todas as estrelas em que fiquei mais tarde na vida. O santo fornecia-me diariamente comida e frutos enquanto eu vagueava com os langures e acabei por conseguir registar mais de uma dúzia de casos de infanticídio nos langures de Hanuman. Posteriormente, testemunhei casos de infanticídio em bugios vermelhos da Venezuela, macacos probóscides do Bornéu e chimpanzés da Libéria e, assim, bati um recorde mundial ao pôr em causa a hipótese mais popular da estratégia sexual masculina evoluída, proposta pela zoóloga de Harvard, Sarah Hrdy. [5-8]

A carreira de naturalista global

Quando eu era pequena, a minha família costumava ir buscar água ao poço da nossa casa. Além disso, havia uma bomba manual que ficava no meu jardim da frente. Sempre que bebia água do pote de barro, era fria e boa. Pensava que as pessoas em todo o lado tinham poços e bombas nas suas casas que continham toda a água de que precisavam. Enquanto vivi nos arredores de Jodhpur, vi mulheres a caminhar diariamente quilómetros para ir buscar água. Também eu acabei por andar um quilómetro para ir buscar água e aprendi a arte de tomar banho com um pequeno balde de água. Só comecei a respeitar a água depois de chegar à cidade desértica de Jodhpur.

De Jodhpur, fui para os Estados Unidos e depois para África, América do Sul e Sudeste Asiático. Depois, regressei para retomar o trabalho de campo na Índia após quase três décadas. Além disso, viajei muito pelas florestas da América do Norte, Europa, Austrália e Nova Zelândia. Assim, realizei o meu sonho de ver as florestas tropicais impenetráveis da região da Alta Guiné, na África Ocidental, a selva amazónica, na América do Sul, e a floresta tropical do Bornéu, no Sudeste Asiático. Depois de concluir o doutoramento, tornei-me diretor do Projeto de Reabilitação de Chimpanzés na Libéria em 1987. Fui o primeiro biólogo de campo a efetuar estudos sobre primatas florestais e galinhas d'angola de peito branco na Libéria, África Ocidental. Entre 1988 e 1995, fui Cientista Visitante no Smithsonian Institution e dirigi a investigação sobre a vida selvagem na Venezuela. Realizei o primeiro estudo para determinar a população de primatas em Trinidad e Tobago, nas Índias Ocidentais. Entre 1995 e 1996, realizei uma pesquisa de campo para determinar o estado da população de bugios-pretos e dourados na Argentina.

Na última década, realizei estudos de conservação na Malásia, Tailândia, Singapura, Indonésia, Vietname, Camboja, China, Taiwan e Índia. Desde 2003, sou um distinto professor de investigação na Universidade de Tajen, Taiwan, onde dirijo um grupo de investigação. Faço parte da direção de vários grupos de defesa do ambiente e de revistas científicas a nível mundial. Fui o presidente fundador da Ethics and Welfare, South East Asian Zoos Association e avaliei as normas de bem-estar em jardins zoológicos e parques recreativos no Sudeste Asiático durante mais de 15 anos.[9] Atualmente, continuo a passar tempo na natureza, não para estudar a vida selvagem, mas apenas para estar com a natureza. A beleza de estar com a natureza é indescritível. Não admira que o arquiteto americano Frank Lloyd Wright tenha dito uma vez: "Estuda a natureza, ama a natureza e fica perto da natureza. Ela nunca vos falhará".

Referências

1. Tirugnana Sambandar.

http://en.wikipedia.org/wiki/Thirugnana_Sambanthar

2. Agoramoorthy, G. e Hsu. M.J. 2008. Pequenas dimensões, grande potencial. Barragens de controlo para o desenvolvimento sustentável. Ambiente: Science and Policy for Sustainable Development 50: 22-35.

3. Ali, S. 1985. The fall of a Sparrow (A queda de um pardal). Oxford University Press, Bombaim. 4. Nehru, J. 1946. The Discovery of India. The Signet Press, Calcutá.

5. Agoramoorthy, G. e Mohnot, S.M. 1988. Infanticídio e juvenilicídio em langures de Hanuman nos arredores de Jodhpur, Índia. Human Evolution 3: 279296.

6. Agoramoorthy, G. e Rudran, R. 1995. Infanticídio por machos adultos e subadultos em macacos bugios vermelhos de vida livre na Venezuela. Ethology 99: 75-88.

7. Agoramoorthy, G. e Hsu, M.J. 2005. Ocorrência de infanticídio entre macacos probóscides selvagens em Sabah, no norte de Bornéu. Folia Primatologica 76: 177-179.

8. Agoramoorthy, G. e Hsu, M.J. 1999. Reabilitação e libertação de chimpanzés numa ilha natural. Os métodos são prometedores também para outros primatas. Journal of Wildlife Rehabilitation 22: 3-7.

9. Agoramoorthy, G. 2008. Animal Welfare. Assessing Animal Welfare Standards in Zoological and Recreational Parks in South East Asia (Avaliação das normas de bem-estar animal em parques zoológicos e recreativos no Sudeste Asiático). Daya Publishing House, Delhi, pp. 228.

CAPÍTULO 2

Reabilitação e libertação de orangotangos

"Todo o segredo do estudo da natureza reside em aprender a usar os olhos" - George Sand

Introdução

As florestas tropicais estão a ser destruídas a um ritmo alarmante em todos os trópicos. Se o ritmo atual de perda de florestas tropicais se mantiver, metade das espécies de primatas do mundo enfrentará a extinção num futuro próximo.[1] A sobrevivência dos nossos parentes mais próximos, os grandes símios, como os chimpanzés, os gorilas e os orangotangos, está em risco devido à destruição das florestas para a extração de madeira, à expansão da agricultura, à caça ilegal e ao comércio de animais de estimação.

O orangotango é o único representante asiático dos *Pongídeos* e um verdadeiro membro arbóreo desta família. Antigamente, distribuía-se por toda a região do Sudeste Asiático. Infelizmente, atualmente estão apenas restritos às ilhas de Bornéu e Sumatra. [2] Está classificado como ameaçado na Lista Vermelha de Espécies Ameaçadas da IUCN. Também estão incluídos no Apêndice I da CITES, que restringe até mesmo a transferência legal de um país para outro.[3]

O orangotango existe em três formas naturais, nomeadamente O orangotango de Bornéu, *Pongo pygmaeus pygmaeus,* o orangotango de Sumatra, *P. p. abelii* e o recém-descoberto orangotango de Tapanuli, *P.tapanuliensis.* Os estudos genéticos concluíram há muito tempo que os orangotangos de Bornéu e de Sumatra são espécies distintas, pelo que os programas regionais e mundiais de cativeiro adoptaram uma moratória sobre a produção de híbridos.[4]

Em 2017, foi descoberta uma nova espécie de orangotango numa única floresta de alta altitude chamada Batang Toru, em Sumatra, e a espécie foi identificada como *Pongo tapanuliensis*, que é considerada a espécie de grande símio mais rara do planeta (https://www.livescience.com/60855-new-orangutan-species.html). A sua população é de apenas 800 indivíduos.

Calcula-se que os habitats adequados para os orangotangos na Indonésia e na Malásia tenham diminuído 80% nas últimas duas décadas. Consequentemente, as populações selvagens sofreram um declínio correspondente de 50% só na última década.[5] As populações de orangotangos estão ameaçadas diretamente pela perda de habitat, pela expansão das plantações de óleo de palma e pelas actividades agrícolas, e indiretamente pela fragmentação do habitat.

Jovens orangotangos de Bornéu em pequenas jaulas de quarentena

Os orangotangos jovens passam o dia na gaiola de socialização

Uma ameaça adicional é a captura de orangotangos selvagens para o comércio de animais de estimação e de entretenimento que continua a florescer no Sudeste Asiático.[6-9] A maior parte dos conservacionistas concorda com a necessidade de criar projectos de reabilitação dos macacos capturados para eventual libertação na natureza. [10] A reabilitação envolve o treino de macacos com comportamento inadequado em competências que lhes permitam sobreviver. Através da socialização dos grandes símios em recintos naturalistas e áreas de floresta natural, os reabilitadores têm trabalhado para os ensinar a localizar e processar alimentos e água, evitar predadores e outros perigos, procurar ou construir abrigos, acasalar e criar descendentes.[10]

O Centro de Reabilitação de Orangotangos, situado na orla da floresta de Sepilok, no norte do Bornéu, no estado de Sabah, na Malásia, tem estado envolvido no salvamento, reabilitação e libertação de orangotangos desde 1964.[11] Observei o processo de reabilitação de orangotangos na Indonésia, Malásia e Singapura durante 2002-2005. Este capítulo descreve as minhas experiências relacionadas com o levantamento de orangotangos na natureza e com a reabilitação de orangotangos na Malásia.

A história da reabilitação dos orangotangos

Os orangotangos foram reabilitados pela primeira vez em Sarawak, na Malásia, em 1962. Dois anos mais tarde, foi inaugurado um centro de reabilitação de orangotangos em Sepilok, em consequência do Decreto de Conservação da Fauna de 1963, do Governo de Sabah, Malásia. O centro foi criado na zona florestal de Kabil-Sepilok, onde dois rios desaguam na baía de Sandakan. A floresta está localizada na costa leste de Sabah, a cerca de 20 km de Sandakan e tem uma área de 42 km^2. A floresta primária (4294 ha) é composta por três terrenos distintos, nomeadamente a floresta de dipterocarpia de planície (58%), a floresta de dipterocarpia de colina de arenito ou floresta de arenito (19%) e a floresta de charneca (23%). Os pântanos de mangue dominam as partes leste e sul, com aldeias pouco ocupadas que dependem da pesca para a sua subsistência. As partes oeste e noroeste são ocupadas por plantações de óleo de palma, enquanto a região nordeste é ocupada por terras privadas e pomares pertencentes a ricos proprietários de plantações.

O centro de reabilitação de orangotangos é composto por uma divisão turística e uma divisão de reabilitação. A divisão de turismo fornece apoio económico ao centro e inclui um escritório com uma loja de recordações, uma sala onde são exibidos filmes educativos e um centro de informação. A educação da população local sobre a importância da floresta tropical e da conservação dos orangotangos é uma prioridade, e os visitantes locais pagam apenas 10% da taxa de entrada cobrada aos turistas estrangeiros. A partir do centro de informação, os visitantes podem chegar à plataforma de alimentação utilizando um passadiço de madeira elevado (250 m de comprimento) para ver a alimentação dos orangotangos. O centro recebe uma média de 60.000 visitantes por ano.

Um orangotango de Bornéu macho adulto

Socialização dos orangotangos

Todos os orangotangos que chegaram ao centro passaram inicialmente 90 dias em quarentena. Todos foram submetidos a testes de saúde que incluíram hematologia, bioquímica clínica, rastreio de hepatites virais e testes de tuberculose. Em quarentena

Na área de estudo, cada orangotango foi mantido numa jaula separada (1,5 x 1,5 x 1,5 m) e observado durante todo o dia. O tamanho da gaiola era comparativamente mais pequeno e teria sido preferível uma gaiola de grandes dimensões com enriquecimentos comportamentais e ambientais adequados. Quatro a seis tratadores de orangotangos reuniam-se normalmente às 8:00 da manhã. Os bebés recebiam leite em pó de qualidade humana disponível localmente. Os adultos eram alimentados com frutas, legumes e forragem natural recolhida na floresta. Os tratadores dos animais registavam diariamente o peso corporal e a quantidade de alimentos e medicamentos dados e consumidos por cada orangotango. Os orangotangos bebés são sensíveis à perda de peso, pelo que é crucial monitorizar o seu desenvolvimento para evitar doenças como a diarreia e a pneumonia. Estas doenças afectaram alguns orangotangos no passado.

As gaiolas de quarentena e os recintos de socialização foram desinfectados diariamente com Dettol para evitar a propagação de doenças infecciosas. Os orangotangos livres de doenças foram posteriormente transferidos das pequenas jaulas de quarentena para uma jaula de socialização (5 x 3 x 3x m), onde passavam a maior parte do dia a interagir com outros orangotangos. Mesmo a jaula de socialização não era suficientemente grande para os macacos e o dobro do tamanho teria sido o ideal. Os macacos passavam poucas horas por dia fora da jaula de socialização.

Libertação de orangotangos na floresta

Os orangotangos foram gradualmente transferidos da jaula de socialização para a floresta, onde três plataformas de alimentação foram colocadas progressivamente mais fundo na natureza. Às 10:00 da manhã, os tratadores alimentavam os orangotangos nestas plataformas e monitorizavam as suas actividades para verificar a sua saúde diariamente. Os indivíduos mais pequenos foram vistos a amontoarem-se e a recusarem-se a sair das plataformas de alimentação, indicando o medo e o stress da ausência das mães. Os bebés nascidos na natureza passam poucos anos na companhia das suas mães. Os tratadores de animais passam oito horas por dia com os jovens orangotangos na floresta para se certificarem de que se movem e sobem às árvores de forma autónoma. Os que não conseguiam lidar com a vida na floresta eram levados de volta para a jaula de socialização. O processo repetiu-se até os jovens macacos se movimentarem livremente na floresta, perto de plataformas de alimentação.

Uma vez adaptados às primeiras plataformas de alimentação, os orangotangos foram alimentados diariamente nas plataformas 2nd e 3rd , localizadas a cerca de 200-300 m da plataforma 1st . Nestas plataformas, os orangotangos foram inicialmente alimentados com bananas e leite em pó com adição de proteínas e vitaminas. No passado, não era dada atenção ao bem-estar individual dos orangotangos devido à falta de experiência e conhecimento. Após a alimentação, os orangotangos deixavam as plataformas e aventuravam-se na floresta em busca de alimentos naturais.

Posteriormente, foram apresentados aos orangotangos outros frutos que ocorrem naturalmente na floresta, como o durião, a manga, a jaca, os figos, etc. Isto acabou por incentivar os macacos a procurar os seus frutos favoritos na selva.

Os jovens orangotangos também aprenderam a escolher novos alimentos dos orangotangos mais velhos que ocasionalmente visitavam as plataformas de alimentação em busca de suplementos alimentares. Os orangotangos jovens tiveram assim a oportunidade de observar o comportamento de construção de ninhos de orangotangos mais velhos, tanto selvagens como previamente reabilitados, que faziam ninhos para dormir no local de libertação. Após a libertação, a maioria dos orangotangos jovens conseguiu fazer a sua própria reabilitação de indivíduos jovens, o que é semelhante à minha observação anterior de chimpanzés reabilitados na Libéria, África Ocidental.[10]

Entre 1965 e 2002, um total de 660 orangotangos, 365 machos e 295 fêmeas, foram recebidos pelo centro de reabilitação. O número de orangotangos que chegaram ao centro variou anualmente de 1 a 51. O maior número de orangotangos recebidos no centro foi de 352 indivíduos entre 1991 e 2000, devido à expansão das actividades agrícolas, ao aumento das plantações de óleo de palma e aos incêndios florestais descontrolados. A mortalidade dos orangotangos foi elevada, e um total de 246 indivíduos morreram depois de chegarem ao centro entre 1965 e 2002. Não houve diferença estatística na mortalidade de machos (35,1%) e fêmeas (40%, p>0,05).

As causas de mortalidade incluíam desidratação, stress, doenças e ferimentos. Alguns chegaram com ferimentos e desidratação grave e morreram no centro de reabilitação. A mortalidade anual variava de 1 a 26 indivíduos, e a mortalidade era geralmente alta entre os orangotangos com menos de três anos de idade. A falta de um curador profissional e de um nutricionista para monitorizar as necessidades alimentares dos jovens símios sob stress teve um papel importante no aumento da mortalidade. Devido à presença de parasitas como o Balantidium coli, os orangotangos reabilitados eram desparasitados periodicamente antes da libertação, o que reduziu posteriormente a mortalidade devida a infecções parasitárias e problemas de higiene associados. Quatro orangotangos com idades entre os 3 e os 4 anos alojados no centro estavam infectados com o parasita da malária, Plasmodium pitheci, e foram tratados com uma dose de 10 mg/kg de Artenam (Beta-Artemether, Dragon Pharmaceuticals, Reino Unido) administrada como dose de carga de 3,2 mg/kg no dia 1 e uma dose de 1,6 mg/kg uma vez por dia durante os 4 dias seguintes. O tratamento eliminou rapidamente os parasitas.[12]

Embora a mortalidade inicial dos macacos jovens com menos de 3 anos fosse elevada devido ao stress, doenças, fome e desidratação, muitos sobreviveram e acabaram por ser libertados na natureza. Por outro lado, quando os orangotangos tinham mais de 3 anos de idade na altura do salvamento, a mortalidade era baixa, mas muitos tinham impressões digitais de pessoas. Por conseguinte, era mais difícil reabilitá-los e libertá-los. Passaram os primeiros anos de reabilitação com companheiros humanos e dependiam mais deles para cuidados e atenção. Alguns invadiam persistentemente os contentores do lixo e roubavam comida do centro de visitantes e da área de armazenamento de alimentos, enquanto outros vagueavam pelo parque de estacionamento em busca de comida humana em vez de comida da floresta.

Estes orangotangos foram capturados e enviados para jardins zoológicos e parques recreativos na Malásia e na China. Entre 2000 e 2002, seis desses orangotangos, dois machos e quatro fêmeas, que não regressaram à floresta, foram enviados para jardins zoológicos e parques recreativos. Em geral, os macacos mais velhos que tiveram contacto constante com pessoas são difíceis de reabilitar; observei casos semelhantes entre chimpanzés reabilitados em África.[10]

Um total de 226 orangotangos foram libertados na reserva florestal de Sepilok entre 1965 e 2002, com uma taxa de sucesso na reabilitação de 35,2%. Não houve observações sistemáticas de monitorização pós-libertação para avaliar o destino dos orangotangos libertados. Por conseguinte, não existem dados disponíveis sobre o número de orangotangos que sobreviveram após a libertação e as complicações com que se depararam na floresta. Esta aparente fraqueza é uma grande preocupação na reabilitação dos orangotangos. A falta de fundos e de pessoal tem impedido os cientistas de efectuarem um trabalho de monitorização intensivo. Sugiro, por isso, que a reabilitação e a libertação futuras incorporem componentes de monitorização para documentar sistematicamente o destino a longo prazo de cada orangotango reabilitado, utilizando colares GPS. Acredito que a monitorização científica melhoraria o sucesso de futuras reabilitações e libertações de orangotangos.

A reabilitação e a libertação de orangotangos de volta à natureza não são novidade. A primeira reabilitação de orangotangos foi iniciada por Barbara Harrison em 1962 no Parque Nacional de Bako em Sarawak, Malásia. Em 1971, o Serviço de Conservação da Natureza criou um centro de reabilitação de orangotangos em Ketambe, na Sumatra, Indonésia. Posteriormente, foi criado outro centro de reabilitação em Tanjung Putin por Galdikas em Kalimantan, Indonésia. O projeto Wanariset Orangutan foi criado em outubro de 1991 em Kalimantan para reintroduzir animais reabilitados. Libertou mais de 300 orangotangos em duas reservas florestais protegidas, nomeadamente Sungai Wain e Meratus, na Indonésia. Alguns destes macacos ainda podem ser vistos em ambas as áreas. No entanto, não são conhecidos pormenores sobre o destino de todos os orangotangos reintroduzidos devido à falta de estudos de acompanhamento.[6]

A reabilitação de espécies ameaçadas é um dos problemas centrais da biologia da conservação, e os projectos que envolvem primatas não humanos têm tido um sucesso misto. [13] Os micos-leões-dourados no Brasil são o melhor caso de sucesso moderado. No entanto, o projeto documentou uma mortalidade de 50% com um custo muito elevado de milhares de dólares americanos para a reabilitação e libertação. [14] Apesar das vantagens da reabilitação para melhorar a diversidade demográfica e genética e reduzir a ameaça de extinção na natureza, as preocupações com os problemas e fracassos relacionados com os projectos de reabilitação de primatas têm sido debatidas desde a década de 1980.[13]

Porque é que a reabilitação é menos bem sucedida nos primatas? Em geral, os primatas têm cuidados parentais extensos e períodos prolongados de infância e juventude, o que resulta em dependência. O maior sucesso na reabilitação de primatas parece ser obtido com indivíduos com experiência significativa na natureza antes da captura e com aqueles cujo tempo em cativeiro é curto. [10] Infelizmente, muitos orangotangos reabilitados eram jovens, não estavam expostos a habitats nativos e, muitas vezes, passavam muito tempo em pequenas jaulas, isolados de outros animais. Muitos deles tinham impressões digitais dos seres humanos e não conseguiram libertar-se do vício de comer alimentos humanos e de interagir com eles.

Inquéritos de campo

Em 1989, realizei um estudo de campo utilizando um levantamento sistemático por transectos na reserva florestal de Sepilok para determinar a população de orangotangos.[15] Os trabalhos de reabilitação anteriores não incluíam levantamentos populacionais na floresta por várias razões, desde a falta de profissionalismo à insuficiência de fundos. Como parte do trabalho de reabilitação, também realizei levantamentos de campo ao longo de 22 transectos em linha reta, com 2-4 km de comprimento, que foram colocados aleatoriamente, cobrindo todos os principais habitats, tais como floresta de planície, floresta de colina de arenito e floresta de charneca. Assim que um orangotango era avistado, eram registados detalhes sobre o sexo, a classe etária, a altura da árvore em que o avistamento ocorreu, o tipo de habitat e a distância perpendicular entre a linha do transecto e o orangotango. As distâncias perpendiculares foram usadas para calcular estimativas populacionais usando o Distance 4.0 com um nível de confiança de 95%.[16] Percorri uma distância total de 71,5 km e uma área correspondente de 3,57 km^2 de floresta durante um período de duas semanas e registei sete avistamentos de orangotangos. Não era certo que se tratasse de indivíduos selvagens ou reabilitados devido à falta de confirmação visual. No entanto, a maioria deles era tímida e evitava-nos afastando-se, o que indica uma natureza selvagem.

A floresta fragmentada e moderadamente degradada de Sepilok tinha uma densidade de 2,52 orangotangos por km^2 com 77,7% de coeficiente de variação. Uma fêmea adulta foi vista com uma cria e um macho adulto e uma fêmea foram vistos juntos. Além disso, foram observados três machos adultos solitários, dos quais dois apresentaram comportamento agressivo contra os autores. Não foram observados orangotangos em pequenos grupos ou em ambientes sociais na floresta. Alguns foram vistos em pequenos grupos perto de plataformas de alimentação durante os primeiros anos de reabilitação, mas depois o seu comportamento tornou-se mais solitário; o comportamento social não é normal em orangotangos mais velhos. No entanto, dada a elevada densidade numa pequena floresta degradada, os macacos serão forçados a tornar-se sociais no futuro se não forem disponibilizados locais alternativos com grandes áreas florestais não perturbadas. Além disso, o aumento da pressão populacional pode criar um stress adicional na população de orangotangos existente.

Problemas de conservação

Observei sinais de destruição da floresta, incluindo a perda extensiva de ramos e folhas das árvores, num raio de 1 km da plataforma de alimentação, o que mostrou que os orangotangos libertados em grande número numa pequena área podem destruir a vegetação florestal. Perto das plataformas de alimentação, foram observadas várias actividades de construção de ninhos e os orangotangos foram vistos a alimentarem-se de novos rebentos de árvores. Esta alimentação extensiva em novos rebentos e actividades de construção de ninhos pode ter causado a morte das árvores perto da plataforma de alimentação. A pequena reserva florestal já está a enfrentar um aumento da pressão populacional devido aos orangotangos reabilitados. Isto será prejudicial para o habitat natural num futuro próximo se não forem adoptadas rapidamente estratégias de gestão adequadas para desacelerar a destruição.

Atualmente, os seres humanos utilizam cerca de 70% dos ecossistemas temperados e tropicais do mundo para produzir 98% dos seus alimentos e todos os seus produtos de madeira. Apenas 5% da superfície terrestre temperada e tropical é desabitada. A região da Ásia-Pacífico tem 23% da superfície terrestre do mundo, mas mais de 60% da sua população. De acordo com um relatório recente publicado pelo World Wide Fund, as florestas tropicais do Sudeste Asiático, que abrigam importantes hotspots de biodiversidade, registaram a conversão mais rápida nas últimas duas décadas. [17] Se o ritmo atual de destruição das florestas se mantiver, várias espécies de fauna e flora ameaçadas de extinção poderão extinguir-se nas próximas décadas. [18]

Um barco que transporta troncos recém-cortados da floresta tropical no Bornéu.

As populações selvagens de orangotangos do Bornéu distribuem-se por, pelo menos, oito grandes áreas isoladas em Kalimantan, na Indonésia, e nos Estados de Sabah e Sarawak, na Malásia. As principais ameaças à população de orangotangos do Bornéu são a falta de aplicação da lei, o menor interesse do governo, a exploração madeireira sem escrúpulos, a degradação do habitat em parques e reservas protegidas, os incêndios florestais, a expansão das actividades agrícolas, o aumento das plantações de óleo de palma e a caça furtiva intensiva. O abate ilegal de árvores é um problema crónico em toda a área de distribuição dos orangotangos selvagens. Além disso, os incêndios florestais provocados pelo homem também matam um grande número de orangotangos selvagens e destroem milhares de hectares de florestas tropicais todos os anos. A técnica de corte e queimada, que consiste em cortar a vegetação e depois incendiá-la, tem sido utilizada há décadas em muitas ilhas do Sudeste Asiático, incluindo Bornéu e Sumatra, como a forma mais barata de limpar as florestas tropicais para a agricultura.

Conclusão

O meu estudo mostra que a pequena floresta de Sepilok tem apenas 42 km^2 e limita certamente o número de orangotangos que aí podem ser libertados. Uma vez que os orangotangos órfãos continuam a ser resgatados e reabilitados, é essencial que, num futuro próximo, sejam selecionadas áreas florestais maiores. Só assim se poderá travar o despejo de orangotangos reabilitados na floresta de Sepilok. Os programas de reabilitação que envolvem macacos pequenos e grandes têm sido alvo de críticas devido à falta de documentação, aos elevados custos envolvidos e à baixa probabilidade de sucesso e de sobrevivência dos macacos libertados. Muito poucos programas incluem a utilização de sistemas de monitorização por rádio e GPS para recolher informações sobre a área de alimentação, o estado de saúde, a sobrevivência, a mortalidade e o habitat após a libertação. Estes estudos são recomendados para os orangotangos.

Talvez a maior ameaça para os orangotangos selvagens seja a interação com as pessoas. Uma vez que os orangotangos podem ser facilmente impressos pelos humanos, é vital minimizar a presença de visitantes e pessoas locais na floresta onde são reabilitados. Qualquer tipo de contacto visual ou interação com humanos pode prolongar o processo de reabilitação. Programas de educação para a população local, especialmente os proprietários de terras agrícolas, plantações de dendê e pomares, precisam ser expandidos na região para proteger os orangotangos selvagens e seus habitats florestais. Enquanto o governo permitir que as plantações de dendezeiros prosperem, a perda da floresta tropical continuará e cada vez mais macacos vermelhos serão exibidos. O governo estadual certamente ganha dinheiro com o centro de reabilitação, pois um grande número de pessoas visita o local e os estrangeiros até pagam mais dinheiro para ver os macacos. Isto indica que tanto as empresas de plantação de óleo de palma como o governo estatal que gere o centro de reabilitação de orangotangos estão a ganhar dinheiro através da destruição da floresta tropical e da deslocação dos orangotangos, o que faz destas duas entidades vencedoras. Infelizmente, o orangotango é o derradeiro perdedor neste puzzle de superioridade económica.

Referências

1. Kaplan, G., e L. Rogers. 1994. Orang-utans in Borneo. University of New England Press, Armidale.

2. Conservation International. 2000. *Primates in Peril: The World's Top* 25 Most Endangered Primates. Conservation International, Washington, D.C.

3. IUCN. 2000. Lista Vermelha de Espécies Ameaçadas da IUCN. Publicação da IUCN, Gland.

4. Perkins, L. 1995. International studbook of the orangutan. Fulton County Zoo, Atlanta.

5. Brown, L. S. 1997. Vital signs: The environmental trends that are shaping our future. W.W. Norton and Company, Nova Iorque.

6. Agoramoorthy, G. 1997. Centros de salvamento e reabilitação de animais selvagens no Sudeste Asiático. International Zoo News 7: 397-400.

7. Agoramoorthy, G. 2002. Exposição de orangotangos numa ilha natural na Malásia. International Zoo News 49: 3-9.

8. Agoramoorthy, G. 2003. Comércio ilegal de animais de estimação exóticos. Hemispheres 3: 36-39.

9. Agoramoorthy, G. 2004. Ethics and welfare in Southeast Asian zoos (Ética e bem-estar nos jardins zoológicos do Sudeste Asiático). Journal of Applied Animal Welfare Science 7: 189-195.

10. Agoramoorthy, G., e M. J. Hsu. 1999. Rehabilitation and release of chimpanzees on a natural island (Reabilitação e libertação de chimpanzés numa ilha natural). Journal of Wildlife Rehabilitation 22: 3-7.

11. Agoramoorthy, G., e M. J. Hsu. 2001a. Rehabilitation and Rescue Center (Centro de Reabilitação e Resgate). Em *Encycloeedia ofthE World's Zoos* (C. E. Bell, ed.), Fitzroy Dearborn pp. 1052-1053.

12. Wolfe, N. D., A. M. Kilbourn, W. B. Karesh, H. A. Rahman, E. J. Bosi, B. C. Cropp, M. Andau, A. Spielman e D. J. Gubler. 2001. Sylvatic transmission of arboviruses among Bornean orangutans (Transmissão silvestre de arbovírus entre orangotangos de Bornéu). American Journal of Tropical Medicine and Hygiene 64: 310-316.

13. Yeager, C. P. 1997. Reabilitação de orangotangos no parque nacional de Tanjung Putting, Kalimantan Tengah, Indonésia. Conservation Biology 11: 802-805.

14. Kleiman, D. G., B. B. Beck, J. M. Dietz, L. A. Dietz, J. D. Balou, A. Coimbra-Filho. 1986. Programa de conservação do mico-leão-dourado: pesquisa e manejo em cativeiro, estudos ecológicos, estratégias educacionais e reintrodução. In: Primatas: The Road to Self-sustaining Populations, Benirschke, K. (ed.), Springer-Verlag, Nova Iorque, pp. 909-929.

15. Agoramoorthy, G. 1989. "Survey of rainforest primates in Sapo national park, Liberia, West Africa". *Primate Conservation* 10: 71-73.

16. Buckland, S. T., D. R. Anderson, P. P. Burnham e J. L. Lake. 1993. Distance sampling: Estimating Abundance of Biological Populations. Chapman & Hall, Londres.

17. Agoramoorthy G. e Hsu M.J. 2001. A conservação deve ser uma grande prioridade em Singapura. Nature, 410: 144.

18. World Wide Fund, 2006. Relatório Planeta Vivo. WWF- International, Suíça.

CAPÍTULO 3

Socialização de Orangotangos em Cativeiro

"O futuro da maior parte das coisas selvagens da terra deve depender da consciência da humanidade."- Archie Carr

Introdução

Em tempos, os orangotangos distribuíram-se por grande parte do Sudeste Asiático. Mas, atualmente, estão restritos às ilhas tropicais de Bornéu e Sumatra.[1] Foram classificados como ameaçados de extinção na Lista Vermelha de Espécies Ameaçadas da IUCN e incluídos no Apêndice I da CITES para restringir até mesmo a transferência legal de um país para outro.[2-4] Estudos genéticos revelaram a existência de três espécies distintas, que incluem o orangotango de Bornéu, *Pongo pygmaeus pygmaeus*, o *orangotango* de Sumatra, *P. p. abelii* e o recém-descoberto orangotango de Tapanuli, *P.tapanuliensis.*

As principais unidades sociais dos orangotangos selvagens incluem machos adultos solitários e fêmeas adultas solitárias com crias dependentes, bem como machos e fêmeas imaturos independentes. Calcula-se que o habitat adequado para os orangotangos na Indonésia e na Malásia tenha diminuído mais de 80% nos últimos 20 anos. Consequentemente, as populações de orangotangos selvagens sofreram um declínio correspondente de mais de 50% nos últimos anos.[5] Os orangotangos estão ameaçados diretamente pela perda de habitat e indiretamente pela fragmentação do habitat. As principais ameaças às populações de orangotangos selvagens são a conversão do habitat para a plantação de óleo de palma e a extração de madeira, a expansão da agricultura, a captura de orangotangos selvagens para o comércio mundial de animais de estimação, os incêndios florestais e outras consequências do desenvolvimento causado pelo homem que continua a florescer no Sudeste Asiático.[6-7]

Estudei a história da socialização de um grande grupo de orangotangos em cativeiro no jardim zoológico de Singapura, que começou no início da década de 1970. [8] Entre 1971 e 1972, cerca de 8 orangotangos de estimação imaturos chegaram ao jardim zoológico, o que resultou na formação de um grupo social. Os pormenores sobre a chegada/transferência, o nascimento e a morte dos orangotangos foram recolhidos dos registos de animais do jardim zoológico e de comunicações pessoais com o conservador sénior, Sam Alagappasamy, que esteve envolvido na gestão dos orangotangos em cativeiro desde 1971.

Sam Alagappasamy

A manutenção de orangotangos em cativeiro em ambientes sociais tornou-se comum em várias instalações de cativeiro na região do Sudeste Asiático nos últimos anos. Esta prática afasta-se radicalmente do modelo de comportamento dos orangotangos selvagens, em que os machos são quase inteiramente solitários e as fêmeas se encontram apenas com as suas crias dependentes. De facto, o jardim zoológico de Singapura foi o primeiro jardim zoológico do mundo a começar a manter os orangotangos em grupos sociais, por iniciativa do veterano conservador do jardim zoológico, Sam Alagappasamy. Quando os biólogos de jardins zoológicos ocidentais, com formação ao nível do doutoramento, decidiram manter os orangotangos em cativeiro num estado solitário, foi Sam quem teve a ideia radical de socializar os orangotangos no início da década de 1970. Quando perguntei a Sam: porque é que pensou em socializar os orangotangos solitários? A sua resposta simples foi que ele achava os orangotangos mais pensativos, altamente emotivos e certamente mais compassivos do que outras espécies de grandes símios. Ele tinha razão. Uma década mais tarde, o Jardim Zoológico Nacional de Washington DC iniciou o projeto Thinking Ape para estudar o processo de pensamento mental único dos orangotangos.

Assim, Sam curtained foi mais esperto do que toda a comunidade biológica zoológica altamente instruída na década de 1970.

Orangotango reabilitado - par mãe e bebé em Singapura

Socialização

Entre 1971 e 1972, 8 orangotangos jovens (5,3; nomeadamente Ah Meng, Rodney, Girlie, Zeena 1, Jojo, Zabu, Bobo e Friday) foram mantidos juntos. Não foi feita qualquer tentativa de os separar porque eram activos em

interagindo uns com os outros. Em 1976, 4 orangotangos (3.1; nomeadamente Ang Ang, Leela, Raman e Letchu) juntaram-se ao grupo. Três anos mais tarde, foi acrescentado um macho bebé (Rabu). Para além disso, 5 (3,2) indivíduos juntaram-se ao grupo entre 1982 e 1991. Assim, um total de 17 orangotangos selvagens capturados, confiscados ou abandonados pelos seus donos em resultado do comércio de animais de companhia, constituíram o grupo social fundador no jardim zoológico de Singapura.

Autor com Ah Meng - orangotango de Sumatra fêmea adulta em Singapura

Em 1989, um macho de Sumatra nascido em cativeiro, chamado Pusung, foi trazido do jardim zoológico de Adelaide. Os bebés nascidos no grupo passaram posteriormente a fazer parte do grupo social em Singapura. Inicialmente, os recém-chegados foram mantidos durante alguns dias a algumas semanas junto do grupo social e acabaram por ser integrados no grupo. O método de socialização seguido é semelhante ao método descrito para os chimpanzés.[9] Pelo menos sete orangotangos fazem parte do grupo social há mais de 25 anos.

De manhã, os orangotangos eram libertados no recinto num grupo de 20 indivíduos. O grupo era normalmente constituído por 3-4 machos adultos, incluindo um macho alfa, 3-4 fêmeas adultas com os seus bebés, e vários subadultos e juvenis. O macho dominante e três outros machos adultos foram mantidos juntos durante 20 anos, enquanto os membros mais jovens do grupo cresciam socialmente. Os casos de agressão foram raros e, quando ocorreram, o macho ou a fêmea dominante intervieram para resolver os conflitos.

Os orangotangos foram expostos numa ilha de exposição rodeada por um fosso de água pouco profundo, com 1 m de profundidade. A exposição tinha uma área total de 450 m .[210] Uma torre alta, com 10 m de altura e 3 m de largura, com duas plataformas niveladas, fornecia abrigo suficiente para os orangotangos, protegendo-os do sol quente e das chuvas fortes. Os orangotangos tinham à sua disposição duas piscinas para beberem e se banharem. Caminhos horizontais feitos de grandes troncos de árvores e correntes metálicas estendem-se à volta do recinto para estimular as actividades. Os orangotangos dispunham de sacos de artilharia e ramos/folhas naturais para enriquecimento comportamental. O comedouro artificial vertical estimulava os orangotangos a usar os dedos ou paus para chegar ao leite condensado ali armazenado. O comedouro horizontal exigia que os orangotangos usassem paus para chegar aos frutos. Os alimentos, sementes de abóbora, foram por vezes espalhados pelo recinto para incentivar o comportamento de procura de alimentos.

Homens do grupo social

Zabu tinha cerca de 11 anos quando chegou ao jardim zoológico. Sendo um antigo animal de estimação, os tratadores puderam lidar com ele de 1971 a 1985. À medida que foi envelhecendo, desenvolveu grandes bochechas e começou a mostrar-se agressivo para com os tratadores. Em 1985, atacou o tratador Sam e, a partir daí, os tratadores deixaram de o tratar. Apesar do incidente de ataque, Zabu foi sempre gentil com os orangotangos jovens do grupo social, especialmente com os bebés, e não foi visto a atacar outros orangotangos. Foi tolerante com os jovens que por vezes lhe batiam numa tentativa de iniciar uma brincadeira, e interveio para parar as lutas que ocasionalmente eclodiam entre as fêmeas. Também partilhou comida com bebés e jovens em muitas ocasiões.

O Zabu preferia acasalar com fêmeas adultas mais velhas, como a Girlie e a Leela, em comparação com outras fêmeas jovens do grupo. Ele estava com elas desde 1971 e 1976, respetivamente. A idade parece ser um fator importante para os parceiros de consórcio. Os orangotangos imaturos iniciaram e mantiveram consórcios com adultos. Não foram observadas cópulas forçadas envolvendo machos adultos e fêmeas adolescentes. Em geral, Zabu seguia de perto as consortes adultas, mas não seguia as adolescentes quando estas se afastavam.

O outro macho, Jojo, tornou-se sexualmente maduro juntamente com Zabu, mas ambos nunca mostraram agressividade um para com o outro. Jojo era o segundo macho dominante do grupo e liderava o grupo na ausência de Zabu. Mantinha a sua vigília e movia-se cautelosamente pela exposição, mas não foi visto a acasalar com fêmeas. Um terceiro macho, Sexta-feira, por outro lado, foi castrado em consequência de uma tuberculose testicular, mas misturou-se bem no grupo. Em 1976, Letchu, um macho juvenil, juntou-se ao grupo e começou a deslocar Zabu quando tinha cerca de 25 anos de idade. Letchu foi retirado do grupo para evitar brigas. Em 1991, Rong foi encontrado como animal de estimação abandonado a bordo de um navio e acabou por ser trazido para o jardim zoológico. A integração de Rong no grupo não foi um problema, pois era um juvenil na altura da sua chegada.

Mulheres do grupo

Várias fêmeas foram mantidas no grupo social ao longo dos anos e a mais velha era Ah Meng. Ela acolheu dois bebés quando estes perderam as suas mães. Também desempenhou um papel fundamental ao ajudar Rong, um macho juvenil, a integrar-se no grupo, passando tempo com ele para o cuidar, brincar e tratar dele. A segunda fêmea dominante era Leela. Observou-se que ela intervinha quando Medan, a filha de Ah Meng, tentava morder outras fêmeas. Leela era o único orangotango obeso do grupo. Hong Bao, a filha de Ah Meng, deixava frequentemente o seu bebé sem vigilância e também respondia lentamente aos pedidos de socorro do bebé. Passava livremente os seus bebés a outras pessoas. Em contrapartida, outras mães orangotangos respondiam prontamente aos pedidos de socorro dos seus bebés e raramente passavam os seus bebés a outras pessoas. Anita era uma criança quando foi trazida para o jardim zoológico em 1986, porque o dono não sabia o que fazer com ela quando adoeceu. Foi criada à mão durante um ano e mais tarde introduzida no grupo. Anita ficou assim marcada e teve dificuldades em misturar-se com as outras fêmeas do grupo.

Comportamento heterossexual

A orangotango fêmea da Sumatra, Ah Meng, acasalou com Rodney e Pusung e produziu duas crias. Uma das suas filhas, Hong Bao, produziu posteriormente três crias com Pusung. Ah Meng também produziu uma fêmea híbrida, Medan, que posteriormente produziu uma cria viável (Riao) em 1991. No entanto, Medan foi posteriormente esterilizada cirurgicamente. Entre os orangotangos de Bornéu, Girlie e Leela produziram um total de seis crias durante um período de 20 anos. Um natimorto ocorreu como resultado de uma filha (Binte2) fertilizada pelo seu pai (Zabu) no grupo social. Quando duas espécies de orangotangos são misturadas num ambiente social, seria difícil evitar o incesto. Assim, uma gestão eficiente e observações constantes para monitorizar os ciclos de estro das fêmeas são importantes para evitar a fertilização entre indivíduos aparentados. Os nascimentos foram efectuados com um intervalo de 4 anos. Entre 1975 e 2001, registou-se um total de 30 nascimentos, com 27 bebés sobreviventes. Dois nasceram mortos e um não foi amamentado corretamente. A taxa de mortalidade infantil foi inferior à registada para os orangotangos em cativeiro no jardim zoológico de Perth.[11]

Registaram-se duas mortes pós-infantis, uma aos 3,8 anos e outra aos 9,3 anos de idade, mas em Perth não se registaram mortes pós-infantis. Sete dos animais nascidos no jardim zoológico foram enviados para vários jardins zoológicos. Nenhum dos bebés nascidos em jardins zoológicos foi criado à mão em Singapura, enquanto muitos bebés foram criados à mão durante a década de 1970 no jardim zoológico de Perth, bem como noutros jardins zoológicos.[12] As suas mães, com exceção de dois casos de criação em famílias de acolhimento, criaram todos os bebés nascidos no grupo social. Os bebés adoptados recebiam alimentação suplementar por biberão, mas eram mantidos com as mães adoptivas.

Nenhuma das fêmeas rejeitou os seus bebés. No entanto, um bebé morreu, porque não estava a mamar corretamente. Binte 2, os mamilos da mãe estavam inchados, o que provavelmente tornava a amamentação dolorosa. Como resultado, a mãe desencorajou o bebé a mamar. Durante a gravidez seguinte, a ama massajou-lhe os mamilos antes do parto e, quando o bebé nasceu, encorajou verbalmente a mulher a amamentar o bebé. Numa semana, a mãe estava a amamentar corretamente por sua própria iniciativa.

Ah Meng foi uma das primeiras mulheres a criar com sucesso um bebé. Permitiu que as jovens do grupo se aproximassem dela enquanto cuidava do bebé, o que proporcionou uma oportunidade para as outras mulheres aprenderem competências maternais. Também se observou o alo-maternato quando um bebé era frequentemente manuseado e cuidado por duas das suas irmãs mais velhas, com 4 e 9 anos de idade, respetivamente. Estas irmãs pegavam no bebé ao colo, à vez, enquanto estavam perto da mãe. O aleitamento materno foi registado em várias espécies de primatas e dá às fêmeas inexperientes a oportunidade de aprenderem a ser mães, o que acaba por ser benéfico.[13]

Homossexualidade

Um dos machos adultos, Letchu, iniciou um comportamento homossexual sempre que estava com o macho castrado, Sexta-feira. O sémen era normalmente visto durante essas cópulas anais. No entanto, ele não era forçado a praticar a cópula anal. Tanto Sexta-Feira como Letchu se apalpavam um ao outro, não só após os encontros sexuais, mas também noutras ocasiões que indicavam a existência de uma forte relação afiliativa. Num esforço para aumentar o número de linhagens no grupo, foi feita uma tentativa de emparelhar Letchu com Girlie, uma fêmea que foi trazida para o zoo juntamente com ele. No entanto, Letchu não mostrou interesse em Girlie e aparentemente preferiu continuar com o comportamento homossexual com Friday.

Os seres humanos são a única espécie de primata em que os pares homossexuais se unem para excluir o comportamento heterossexual.[14-15] O comportamento homossexual nos grandes símios tem sido raramente relatado em condições selvagens e em cativeiro, com exceção do bonobo, Pan paniscus. Nos orangotangos, o comportamento homossexual foi registado em jardins zoológicos, entre reabilitados recentes e recentemente na natureza.[12, 16-17] No entanto, no grupo social em cativeiro,

Letchu não teve acesso às fêmeas inicialmente devido ao estatuto de dominância de Zabu e ao acesso a todas as fêmeas. Em contrapartida, a preferência de Letchu pelo macho castrado em detrimento de outros machos indicava uma preferência individual e não uma frustração sexual. Além disso, Girlie foi criada com Letchu durante os primeiros anos e a familiaridade próxima pode tê-lo desencorajado a ter um comportamento heterossexual. No entanto, a ocorrência do comportamento homossexual na natureza indica que pode não ser um artefacto das condições de cativeiro ou do contacto com humanos e, de facto, pode fazer parte do repertório natural do comportamento sócio-sexual dos orangotangos para reforçar o contacto social. Foram registadas montagens homossexuais semelhantes em várias espécies de primatas não humanos, tanto na natureza como em cativeiro.

Conclusão

Em geral, as instalações de cativeiro alojam os orangotangos individualmente, onde são menos activos, tanto mental como fisicamente. Manter os orangotangos em cativeiro num ambiente social tem vantagens, uma vez que a socialidade conduzirá a um aumento das actividades comportamentais, podendo os indivíduos mais jovens ser introduzidos em novas competências sociais por indivíduos mais velhos. Embora os orangotangos levem uma vida solitária, foram ocasionalmente observadas na natureza agregações de orangotangos selvagens em grandes árvores de fruto.[18-19] A agregação de orangotangos era constituída principalmente por mães com crias, machos não desenvolvidos e, ocasionalmente, machos adultos solitários. Além disso, o aumento da socialidade e da densidade dos orangotangos foi correlacionado com períodos de elevada disponibilidade de frutos e nas florestas de Ketambe, onde se sabe que os orangotangos são muito mais sociais. Por conseguinte, manter estes macacos vermelhos em cativeiro num ambiente social não é uma situação totalmente aberrante, mas tem de ser feito de forma eficiente. O modelo apresentado neste documento servirá de orientação para outros jardins zoológicos, uma vez que as instalações de cativeiro em todo o mundo estão cada vez mais interessadas em exibir orangotangos em ambientes sociais.[20]

Referências

1. Kaplan, G., e Rogers, L. 1994. Orang-utans in Borneo. Armidale: University of New England Press.

2. IUCN, 2016. Lista Vermelha de Espécies Ameaçadas da UICN. Gland: IUCN.

3. Rowe, N. 1996. The Pictorial Guide to the Living Primates. Charlestown: Pogonias Press.

4. Perkins, L. 1995. International studbook of the orangutan (Pongo pygmaeus ssp.). Atlanta: Fulton County Zoo.

5. Brown, L.S. 1997. Sinais vitais: As tendências ambientais que estão a moldar o nosso futuro. New York: W.W. Norton & Company.

6. van Schaik, C.P., Monk, K.A., e Robertson, J. M.Y. 2001. Dramatic decline in orang-utan numbers in the Leuser Ecosystem, Northern Sumatra. Oryx, 35: 14-25.

7. Agoramoorthy, G. 2003. Comércio ilegal de animais de estimação exóticos. Hemispheres 3: 3639.

8. Agoramoorthy, G., e Hsu, M.J. (2001): Singapore Zoological Gardens. In *Eicyclopedia of the worlcl'sioos:* 1164-1165. Bell, C.E. (Ed), Chicago: Fitzroy Dearborn Publishers.

9. Agoramoorthy, G., e Hsu, M.J. 1999. Rehabilitation and release of chimpanzees on a natural island (Reabilitação e libertação de chimpanzés numa ilha natural). Journal of Wildlife Rehabilitation 22: 37.

10. Huat, S.S. 1985. Comportamento dos orangotangos no Jardim Zoológico de Singapura Jardins. Relatório anual de 1985. Singapore: Singapore Zoo Publication.

11. Markham, R.J. 1990. Criação de orangotangos no jardim zoológico de Perth: Twenty years of appropriate husbandry. Zoo Biology 9: 171-182.

12. Maple, T. 1980. Orangutan behaviour. Nova Iorque: Van Nostrand Reinhold.

13. Hrdy, S.B. 1976. Care and exploitation of non-human primate infants by conspecifics other than the mother. In Advances in the study of behaviour: 101-158. Jay, R. S., Hinde, R. A., Shaw, E. & Ber, C. (Eds). London: Academic Press.

14. Kirkpatrick, R.C. 2000. A evolução do comportamento homossexual humano. Current Anthropology 41: 385-413.

15. Agoramoorthy, G., e Hsu, M.J. 2006. Pode a Índia abolir a anacrónica lei da homossexualidade para combater o VIH/SIDA? AIDS 20: 14691470.

16. Rijksen, H.D. 1978. Um estudo de campo dos orangotangos de Sumatra (Pongo pygmaeus abelii Lesson 1827): Ecologia, comportamento e conservação. Dissertação não publicada. Wageningen: Universidade de Wageningen.

17. Fox, E.A. 2001. Homosexual behaviour in wild Sumatran orangutans (Pongo pygmaeus abelii). American Journal of Primatology 55: 177-181.

18. Knott, C.D. 1998. Social system dynamics, ranging patterns and male and female strategies in wild Bornean orangutans (Pongo pygmaeus). Suplemento 26 do American Journal of Physical Anthropology: 140.

19. Mackinnon, J.R. 1974. The behaviour and ecology of wild orangutans (Pongo pygmaeus). Animal Behaviour 22: 3-74.

20. Agoramoorthy, G. 1997. Centros de salvamento e reabilitação de animais selvagens em

Sudeste Asiático. International Zoo News 7: 397-400.

CAPÍTULO 4

Reabilitação e libertação de chimpanzés

"As provas moleculares sugerem que o nosso antepassado comum com os chimpanzés viveu, em África, entre 5 e 7 milhões de anos atrás, há cerca de meio milhão de gerações. Isto não é muito tempo para os padrões evolutivos" - Richard Dawkins

Introdução

As florestas tropicais na Ásia, África e América do Sul estão a ser destruídas a um ritmo de 17 milhões de hectares por ano. Se o atual ritmo de perda de habitat se mantiver, metade das espécies de primatas enfrentará a extinção num futuro próximo. Por conseguinte, a sobrevivência dos nossos parentes mais próximos, os grandes símios, também está em risco devido à destruição contínua das florestas tropicais para a produção de madeira, à expansão das culturas itinerantes, à caça ilegal de carne de animais selvagens e ao comércio de animais de estimação.

A maioria dos conservacionistas concorda com a necessidade de criar projectos para reabilitar primatas em perigo de extinção capturados na natureza ou nascidos em cativeiro, para eventual libertação na natureza. Nas últimas três décadas, os investigadores fizeram inúmeras tentativas para reabilitar os grandes símios nos seus habitats naturais. Esta reabilitação envolve normalmente o treino de indivíduos com comportamentos inadequados em competências que lhes permitam sobreviver de forma independente. Ao socializar os primatas em recintos naturalistas, os reabilitadores têm trabalhado para os ensinar a encontrar e processar comida e água, encontrar e evitar predadores ou outros perigos, procurar ou construir abrigos, acasalar e criar descendentes. Neste capítulo, descrevi o processo de salvamento, reabilitação e eventual libertação de chimpanzés na natureza, numa ilha da Libéria, África Ocidental, com base na minha investigação de campo realizada em 1987-1988.

Reabilitação dos grandes símios

Os orangotangos foram reabilitados pela primeira vez em Sarawak, na Malásia, em 1961.[1] Mais tarde, em 1964, foi criado o centro de reabilitação de orangotangos de Sepilok, em Sabah, na Malásia, para devolver indivíduos órfãos à natureza.[2] Durante a década de 1970, foram criados mais dois projectos de reabilitação de orangotangos nas ilhas de Sumatra e Kalimantan, na Indonésia.[3-4] No entanto, o projeto de reabilitação de orangotangos em Wanariset, Kalimantan, utilizou uma abordagem para minimizar os efeitos de procedimentos de reabilitação antiquados, caracterizados por uma preparação inadequada para a libertação e por testes médicos insuficientes para determinar o estado de saúde dos macacos. Este projeto resgatou e reabilitou 264 orangotangos até 1997. Destes, 109 foram libertados na natureza em duas áreas protegidas de floresta tropical, nomeadamente Sungai Wain e Meratus, em Kalimantan, na Indonésia. Mas o problema é que não houve um acompanhamento científico, pelo que ninguém sabe ao certo o que aconteceu realmente a esses macacos libertados na floresta tropical.

Um gorila de montanha bebé confiscado foi tratado por Dian Fossey durante três meses e libertado num grupo selvagem. O bebé sobreviveu durante um ano, mas mais tarde morreu de pneumonia devido às chuvas fortes e prolongadas que caíram na floresta. [5] A ideia original de libertar primatas numa ilha foi iniciada por Carpenter em 1938, quando macacos rhesus, Macaca mulatta, da Índia, foram libertados numa ilha de 15 hectares ao largo da costa sudeste de Porto Rico.[6] Mas foi só em 1966 que se tentou a mais antiga tentativa de reabilitação de chimpanzés. Dezassete chimpanzés, todos capturados na natureza e mantidos em cativeiro durante alguns meses a vários anos, foram libertados na Ilha Rubondo, uma ilha de 2400 hectares na Tanzânia.[7] Em contraste com a libertação de chimpanzés em ilhas, outro projeto tentou, pela primeira vez, libertar indivíduos reabilitados numa floresta natural no Parque Nacional de Niokolo-koba, no Senegal.[8] Embora os chimpanzés reabilitados se tenham adaptado bem ao parque, os grupos de chimpanzés selvagens eram muito agressivos para com os recém-chegados. Para sua segurança, os chimpanzés reabilitados foram retirados da floresta e libertados em ilhas seguras no rio Gâmbia. Projectos semelhantes de libertação em ilhas estão ainda em curso em países como a Gâmbia, a Libéria, a Serra

Leoa e o Uganda. [9]

Chimpanzés em cativeiro

No início da década de 1970, o New York Blood Center criou um laboratório de investigação na Libéria e utilizou chimpanzés em testes de vacinas contra a hepatite B, em colaboração com o Liberian Institute of Biomedical Research. Quatro anos mais tarde, teve início um projeto de reabilitação de indivíduos saudáveis e livres de doenças transmissíveis e grupos de chimpanzés do laboratório foram preparados para serem libertados em ilhas naturais ao largo. Antes da libertação, os chimpanzés foram mantidos durante cerca de 2-3 meses em grandes recintos com paredes de betão altas, com uma área de 160 metros quadrados. Os recintos estavam equipados com abrigos adequados, estruturas para trepar e chão de areia. Todas as gaiolas estavam ao ar livre e duas gaiolas podiam ser ligadas abrindo uma porta adjacente. Estas portas eram utilizadas para misturar os subgrupos.[9]

Os chimpanzés que seriam libertados em grupo foram primeiro introduzidos em compartimentos grandes e foram efectuadas observações para controlar a sua compatibilidade uns com os outros. Utilizei os métodos de amostragem de animais focais e de amostragem por varrimento, técnicas padrão de recolha de dados.[10] Os indivíduos fracos e gravemente feridos foram retirados e adicionados mais tarde, quando saudáveis, a outros grupos. Foram elaborados perfis individuais para cada chimpanzé antes da sua libertação. Também registei, para cada indivíduo, a ingestão de alimentos, os alimentos preferidos, o parentesco, a relação, o peso corporal e outras medidas. Foram efectuados testes de saúde a todos os chimpanzés para deteção de protozoários parasitas, tuberculose e hepatite A, B e C e só foram selecionados para a libertação na ilha os animais que não apresentavam doenças. [9]

O aliciamento social em chimpanzés libertados na ilha

Lançamento na ilha

Em julho de 1987, libertei um grupo de 30 chimpanzés numa ilha com uma área de cerca de 10 ha rodeada de mangais. Havia 11 machos e 19 fêmeas; a idade dos chimpanzés variava entre os 3 e os 20 anos. Os indivíduos mais jovens e de baixo nível hierárquico foram levados para a ilha primeiro, em subgrupos de sexo misto, para se habituarem ao novo ambiente. Os indivíduos mais velhos juntaram-se aos grupos mais jovens mais tarde, o que pareceu reduzir o stress entre os indivíduos jovens, fracos e de baixo nível hierárquico. Antes da libertação de cada subgrupo, os indivíduos foram mantidos numa gaiola de retenção, 3 x 3 x 1,5 m, na ilha durante alguns dias. A jaula de retenção também foi utilizada para manter isolados os indivíduos tranquilizados ou feridos, uma vez que os chimpanzés reabilitados são normalmente hostis para com os membros imobilizados e feridos do seu grupo. Embora alguns chimpanzés tenham dormido dentro ou em cima da gaiola de retenção durante alguns dias antes de encontrarem as suas próprias áreas de dormir na ilha, muitos escolheram locais de dormir em árvores.

O autor é tratado por um chimpanzé macho adulto na floresta

Caminhei regularmente em diferentes trilhos na ilha com os chimpanzés e os membros do grupo aceitaram-me bem. Por isso, foi fácil para mim segui-los e registar notas sobre o seu comportamento social e

adaptação ao ambiente florestal. Utilizei também radio-colares para 24 dos 30 chimpanzés, de modo a segui-los diariamente na ilha. A utilização de rádio-colares foi necessária devido à floresta densa que não permitia uma visibilidade clara. Sem os rádio-colares, ter-me-ia sido difícil localizar os indivíduos fracos, feridos e desidratados no mangal. Sete dos 30 indivíduos tiveram dificuldade em adaptar-se às novas condições sociais e foram trazidos de volta ao cativeiro para se sentirem mais confortáveis em cativeiro. Estes indivíduos tinham um longo historial de animais de companhia, o que parecia dificultar a sua readaptação a um novo ambiente e a novas condições sociais. Mais tarde, acabaram por se habituar à floresta e foi possível expô-los às ilhas algumas vezes antes de se instalarem finalmente no local.

Homem adulto reabilitado parte nozes com uma ferramenta de pedra na floresta

Alimentação e nidificação

Foram dados diariamente a todos os indivíduos da ilha suplementos alimentares, incluindo frutos e pedaços de pão especialmente preparados para satisfazer as suas necessidades nutricionais. No entanto, a maioria começou a alimentar-se sozinha na ilha em poucos dias. Os chimpanzés encontraram várias árvores de alimentação na ilha, incluindo palmeiras nas quais preferiam comer as nozes. Também se alimentavam ocasionalmente na ilha de insectos abundantes. Os chimpanzés mais jovens observavam e aprendiam estratégias de alimentação com os animais mais velhos. Embora os recém-chegados não tenham comido plantas e frutos silvestres durante os primeiros dias, aumentaram lentamente a sua ingestão. Uma semana após a libertação, o macho dominante foi observado a puxar um ninho de formigas tecelãs, Oecophylla longinoda, e a comer as formigas e as suas larvas. Vários indivíduos também seguiram o mesmo padrão de comer formigas.

Os chimpanzés reabilitados na ilha também apanharam nozes de palmeira e partiram-nas com pedras de martelo naturais nos primeiros dias. Utilizaram troncos de árvores como plataforma para partir as nozes. Quando os adultos se concentravam em abrir as nozes com ferramentas de pedra, os indivíduos mais jovens observavam atentamente as técnicas de partir as nozes. Este fenómeno de chimpanzés selvagens que utilizam ferramentas para abrir nozes de casca dura, considerado um comportamento culturalmente transmitido, foi observado apenas em países da África Ocidental, como a Guiné, a Libéria e a Costa do Marfim.[11]

Na natureza, todos os grandes símios constroem novos ninhos todas as noites para dormir. Vários dias antes da libertação, os chimpanzés receberam folhas e ramos frescos para praticarem o comportamento de construção de ninhos. A maioria dos adultos era capaz de fazer ninhos maiores em cativeiro, enquanto os indivíduos mais jovens e de nível inferior faziam ninhos mais pequenos, uma vez que eram facilmente desencorajados de obter mais folhas e ramos pelos indivíduos dominantes. Depois de os chimpanzés reabilitados terem sido libertados na ilha, muitos deles começaram imediatamente a fazer os seus próprios ninhos todas as noites no cimo das árvores, enquanto alguns indivíduos dormiam perto da gaiola de retenção durante várias noites.

Cuidados sociais; reparar no chimpanzé com coleira à esquerda

Comportamento social

Logo após a libertação dos chimpanzés na ilha, as fêmeas adultas (Helen, Popeye,

Samantha e Carola) foram vistas a copular com machos adultos (Brutus e Sokomoto) e também com machos mais jovens, nomeadamente Saffa, Mango, David e Doc Me. Duas fêmeas deram à luz após a sua libertação. Maria deu à luz um bebé na primeira semana de novembro de 1987 e Cachinhos Dourados em 27 de novembro de 1987. Mas, ambos os bebés foram vistos mortos após alguns dias. Samantha, a fêmea dominante do grupo, foi vista a carregar o bebé morto de Goldilock, que tinha feridas de mordedura. Parece que Samantha provavelmente matou o bebé. Casos semelhantes de infanticídio por fêmeas adultas foram registados em chimpanzés selvagens e noutros primatas.[12-15] Em meados de dezembro de 1997, as fêmeas Houdina e DMW deram à luz bebés, tendo ambos sobrevivido até ao final deste estudo. A paternidade dos bebés não foi confirmada devido à falta de técnicas disponíveis na altura no terreno.

Quando os chimpanzés eram mantidos isolados dos seus co-específicos, os autores observaram certas condições que conduziam a comportamentos estereotipados, tais como balançar o corpo, andar agachado, bater com os olhos e beliscar as palmas das mãos. Alguns dos chimpanzés também comiam as suas próprias fezes, enquanto outros atiravam as suas fezes para observadores humanos. No entanto, depois de serem libertados na ilha, os chimpanzés estavam preocupados em vaguear pela ilha, encontrar comida e abrigo e interagir com os membros do grupo, tendo cessado todos estes comportamentos estereotipados e aumentado os comportamentos sociais, incluindo o grooming social, que foram observados com frequência.

Durante este estudo foram registados vários episódios de encontros agressivos entre chimpanzés libertados. Os indivíduos mais fracos sofreram frequentemente ferimentos graves por mordedura, uma vez que foram repetidamente atacados por indivíduos dominantes. Dois jovens machos, Mango e David, foram devolvidos ao laboratório poucos dias após a libertação. Mango sofreu ferimentos na cabeça, o que levou à desidratação, enquanto David tinha um ferimento grave de mordidela na coxa esquerda. Uma fêmea chamada Houdina feriu outra fêmea chamada Anita com uma ferida de canino de 4 centímetros no ombro direito, necessitando de tratamento. Passado um mês, os três chimpanzés feridos foram novamente libertados no grupo sem qualquer conflito aparente.

Os chimpanzés reabilitados também mostraram comportamentos agressivos em relação aos observadores em algumas ocasiões. Durante o meu estudo, um dos meus assistentes de campo foi atacado e ambas as suas pernas foram mordidas por um grupo de quatro chimpanzés na ilha. Os chimpanzés também atacaram um rapaz de 12 anos que estava a pescar à volta da ilha. Quando a sua canoa chegou ao limite do mangal, os chimpanzés aparentemente agarraram-no e morderam-no gravemente. O rapaz foi salvo por um barco de pesca que passava. Embora o rapaz tivesse vários ossos partidos e cortes profundos, sobreviveu ao ataque dos chimpanzés.

Conclusão

A maioria dos chimpanzés reabilitados adaptou-se à vida na ilha. Alguns deles construíram ninhos e encontraram comida sozinhos imediatamente após a sua libertação. Os chimpanzés mais jovens aprenderam competências sociais e de sobrevivência mais rapidamente do que os animais mais velhos. Apenas dois machos mais velhos, com mais de dez anos de idade, foram incluídos no grupo, uma vez que os macacos mais velhos são mais difíceis de reabilitar. Considerando o facto de os chimpanzés reabilitados poderem ser agressivos para com a população local e de os chimpanzés selvagens poderem ser hostis para com os chimpanzés recém-libertados, é essencial selecionar futuros locais de libertação que estejam o mais longe possível tanto de habitações humanas como de grupos de chimpanzés selvagens. Os procedimentos de reabilitação destacados neste capítulo também podem ser usados para reabilitar outras espécies de primatas que vivem em grupo noutras partes do mundo. Fui obrigado a terminar a observação de chimpanzés quando rebentou a guerra civil na Libéria, em 1988. Infelizmente, muitos chimpanzés foram apanhados no fogo cruzado durante a guerra civil, onde a população local tinha dificuldade em encontrar comida para sobreviver. No final, infelizmente, muitos chimpanzés pereceram.

Referências

1. Harrisson, B. 1963. Educação para a vida selvagem de jovens orangotangos no parque nacional de Bako, Sarawak. Jornal do Museu de Sarawak 11: 220-258.

2. Silva, G. S. 1971. Notas sobre o projeto de reabilitação de orangotangos em Sabah. Malayan Nature Journal 24: 50-77.

3. Rajksen, H. D. e Rijksen, A. G. 1975. Trabalho de salvamento de orangotangos no norte de Sumatra. Oryx 13: 63-73

4. Galdikas, B. 1975. Orang-utans, Indonesia people of the forest. National Geographic 148: 444-473.

5. Fossey, D. 1983. Gorillas in the mist. Houghton Miflin, Boston.

6. Carpenter, C. R. 1959. História da colónia de macacos de Cayo Santiago. Transcrição de palestra proferida na Faculdade de Medicina da Universidade de Porto Rico, San Juan, Porto Rico, agosto

7. Grzimek, B. 1970. Among animals of Africa. Collins, Londres.

8. Brewer, S. 1978. The chimps of Mt. Asserik. Alfred A. Knopf, Nova Iorque.

9. Agoramoorthy, G. e Hsu, M.J. 1999. Rehabilitation and release of chimpanzees on a natural island (Reabilitação e libertação de chimpanzés numa ilha natural). Journal of Wildlife Rehabilitation 22: 3-7.

10.Altmann, J. 1974. Estudo observacional do comportamento: métodos de amostragem. Behavior 69: 227-267.

11.Boesch, C. e Boesch, H. 1983. Otimização da quebra de nozes com martelos naturais por chimpanzés selvagens. Behavior 83: 265-286.

12.Goodall, J. 1996. The chimpanzees of Gombe: patterns of behavior. Harvard University Press, Cambridge.

13.Agoramoorthy, G. 1994. Substituição de machos adultos e mudança social em duas tropas de langures de Hanuman (Presbytis entellus) em Jodhpur, Índia. Jornal Internacional de Primatologia 15: 225-238.

14.Agoramoorthy, G. e Mohnot, S.M. 1988. Infanticídio e juvenilicídio em langures de Hanuman (Presbytis entellus) nos arredores de Jodhpur, Índia. Human Evolution 3: 279-296.

15.Agoramoorthy, G. e Rudran, R. 1995. Infanticídio por machos adultos e subadultos em macacos bugios vermelhos de vida livre, Alouatta seniculus, na Venezuela. Ethology 99: 75-88.

CAPÍTULO 5

Resgate e libertação de macacos-da-índia

As respostas do *macaco bebé são muito semelhantes às do bebé humano"- Harry Harlow*

Introdução

O centro de salvamento da vida selvagem em Taiwan foi iniciado em 1993 como um projeto. Foi financiado pelo Conselho de Agricultura. Os objectivos eram proporcionar um lar temporário decente aos animais selvagens confiscados e abandonados, socializar os macacos alojados em pequenas jaulas em grandes grupos, reabilitar os animais selvagens para eventual libertação na natureza, transferir os animais selvagens para instituições zoológicas, tanto em Taiwan como no estrangeiro, que pudessem prestar cuidados humanos, e prestar cuidados a longo prazo a animais deficientes, doentes e não adequados para libertação ou programas de reprodução em jardins zoológicos.

História da operação de salvamento da vida selvagem

Em 1989, Taiwan aprovou a primeira lei de conservação da vida selvagem do país, que proíbe o comércio de espécies raras, ameaçadas e em perigo de extinção, e iniciou grandes projectos de conservação da vida selvagem.[1-2] O governo de Taiwan tem tentado aplicar a lei para controlar o comércio de animais exóticos de companhia em Taiwan. Quando a nova lei foi aprovada, foi concedido aos proprietários de animais selvagens de companhia, tanto exóticos como endémicos, um período de seis meses para registarem os seus animais junto das autoridades, a fim de os isentar de qualquer sanção. Os proprietários tinham então a opção de manter os seus animais de estimação ou de os entregar ao governo. Os animais selvagens não registados, ou obtidos após este período de carência, são considerados ilegais e estão sujeitos a confisco pelos funcionários governamentais. Ocasionalmente, as pessoas abandonam os seus animais selvagens indesejados na rua ou perto de um parque zoológico.[3-5]

Os animais selvagens abandonados, confiscados e resgatados eram enviados para o centro para cuidados temporários. Pingtung era, na altura, o maior centro de salvamento de Taiwan e albergava várias espécies de animais selvagens. Havia três outros centros localizados em cidades como Taipei (Jardim Zoológico de Taipei), Kaohsiung (Jardim Zoológico de Kaohsiung) e I-Lan (Instituto de Agricultura de I-Lan). Estes centros albergavam vários macacos, ursos e aves de rapina. Todos estes centros de salvamento coordenavam os seus esforços de salvamento de animais selvagens e prestavam-lhes cuidados em cativeiro, sendo financiados pelo governo através do Conselho de Agricultura.

Chegada dos animais resgatados

Os funcionários responsáveis pela aplicação da lei de cada cidade e dos gabinetes governamentais dos condados tinham o direito de confiscar animais selvagens de companhia não autorizados. Também prestavam cuidados preliminares aos indivíduos confiscados. Depois de um animal ser confiscado, os funcionários informavam o centro de salvamento e aguardavam uma resposta sobre a disponibilidade de espaço. Normalmente, o período de espera durava de alguns dias a duas semanas. Todos os meses, o centro de salvamento de Pingtung recebia cerca de 10 a 20 indivíduos, sendo os animais predominantes os macacos-da-Formiga endémicos. O centro tinha um diretor a tempo inteiro, um diretor-adjunto, um veterinário, um gestor de escritório e sete tratadores de animais que eram responsáveis pela gestão de rotina do centro.

Estudantes de veterinária, veterinários consultores e estudantes voluntários ajudavam periodicamente na realização de testes de rotina, tratamento e manutenção de registos. Todo o pessoal que trabalhava no centro usava luvas de látex, botas de borracha e máscaras que cobriam a boca e o nariz para evitar o contacto com os animais e para reduzir a contaminação durante a preparação dos alimentos e o manuseamento dos animais. Antes de entrar nas jaulas dos animais, era pedido ao pessoal e aos visitantes que desinfectassem as botas. As pessoas que trabalhavam com animais não estavam autorizadas a tocar em nenhum animal até e a menos que tal fosse essencial para efeitos de tratamento.

Alojamento de animais resgatados

Quando um animal chegava ao centro, era mantido separado num edifício de quarentena onde eram efectuados testes de despistagem de doenças. Foram recolhidas amostras de sangue para testes hematológicos e serológicos. As amostras de fezes foram analisadas para detetar parasitas intestinais. Os indivíduos foram também marcados, pesados e foram efectuadas medições morfométricas enquanto estiveram em quarentena durante um período de 4-6 semanas.

Os primatas e os carnívoros foram testados para a tuberculose utilizando tuberculina antiga de mamíferos (Tuberculin mammalian, human isolates, Coopers Animal Health Inc., Kansas City, KS 66103, EUA, ou Tuberculin®, Kaketsuken, The Chemo-sero-therapeutic Research Institute, Kumamoto 860, Japão), e os indivíduos com resultados positivos foram isolados para tratamento e mantidos no edifício de isolamento de primatas. Os animais testados para a hepatite A e B foram isolados e mantidos num edifício separado. Os testes sanitários de rotina foram repetidos duas vezes por ano. Para além da hepatite A e B, todos os orangotangos foram testados para a hepatite C e E. A infeção parasitária mais comum entre os orangotangos foi o Balantidium coli, e dez em cada 15 orangotangos tinham a infeção à chegada. Foram tratados com metronidazol (Frotin ESC®) 25 mg/kg, duas vezes por dia, durante duas semanas e ficaram então livres de B. coli. Os tigres foram submetidos a testes de deteção do FIV e foram vacinados contra a esgana felina e a raiva (Feline Rhinotracheitis-Calici-Panleukopenia Vaccine® e Rabies Vaccine®, Fort Dodge Laboratories Inc., Iowa, EUA). Os ursos-sol foram vacinados contra a cinomose canina (Adenovirus Type 2 Parainfluenza-Parvovirus Vaccine®) e a raiva (por Fort Dodge Laboratories Inc., Iowa).

Os animais livres de doenças transmissíveis foram transferidos para compartimentos pequenos (4x4 m), médios (6x6 m) ou grandes (12x9 m). Cada recinto dispunha de instalações interiores e exteriores com uma altura máxima de 4 m. O centro dispunha de 20 recintos pequenos, 16 médios e quatro grandes, com capacidade para alojar vários grupos sociais de primatas. Além disso, o centro estava equipado com um hospital veterinário e um aquário.

Problemas com que se debatem os macacos da Formosa

Antes de 1989, os macacos-da-Formosa eram amplamente capturados para o comércio de animais de estimação. A lei de conservação desempenhou um papel fundamental na recuperação do estatuto da espécie na natureza e, atualmente, é comum ver macacos na floresta, perto de explorações agrícolas e povoações humanas. Os agricultores consideram estes macacos como pragas, uma vez que atacam frequentemente as culturas agrícolas e os pomares. Consequentemente, o governo permite que os agricultores matem os macacos quando estes atacam as explorações agrícolas, o que é, infelizmente, desumano e pouco ético. Sendo a única espécie de primata não humana, o governo continua a permitir que os agricultores matem macacos, o que demonstra a falta de sensibilidade ética da cultura taiwanesa, em que os animais selvagens são considerados alimentos deliciosos. É possível observar um grande número de armadilhas nas zonas florestais, onde as pessoas continuam a capturá-los e também a comê-los. De um total de 80 macacos-da-Formosa alojados no centro de salvamento durante o meu estudo, cinco não têm um braço e oito não têm uma perna. Isto indica claramente a brutalidade contínua na floresta que crucifica os macacos selvagens.

Socialização dos macacos

À chegada ao centro de salvamento e depois de passarem a quarentena, os macacos saudáveis são mantidos numa pequena gaiola de aço de 1x1x1 m. Depois, os macacos alojados individualmente foram socializados num recinto grande. Consegui criar dois grupos sociais de 21 e 24 macacos-da-Formosa. Durante o processo de socialização, ocorreram lutas e os animais ligeiramente feridos foram retirados para tratamento. Passados alguns dias, eram libertados de novo no grupo. No entanto, os indivíduos gravemente feridos e rejeitados foram retirados e não voltaram a ser libertados no mesmo grupo. Todos os machos adultos foram vasectomizados para evitar a reprodução. À semelhança de outros macacos, os macacos-da-formosa são animais sociais e o tamanho do seu grupo na natureza varia entre 12 e 80 indivíduos. Por conseguinte, é vital manter os macacos em grupos sociais em condições de cativeiro.

O fracasso da libertação das ilhas

Em 1998, libertei pela primeira vez um grupo socializado de 15 macacos-da-formosa num ilhéu desabitado no arquipélago de Penghu, Pescadores, no condado de Penghu, Taiwan. Tratou-se de uma tentativa de ver os resultados de uma libertação numa ilha. Os macacos receberam diariamente alimentos regulares, à semelhança do que acontece em cativeiro. A libertação na ilha permitiu que os macacos gozassem de liberdade num ambiente semisselvagem. Mas a ilha não tinha floresta natural. Consequentemente, a ilha não tinha árvores de que os macacos dependem para se alimentarem e se empoleirarem. O projeto de libertação dos macacos não atraiu o turismo local e não promoveu a conservação da vida selvagem e a educação. Assim, o projeto falhou redondamente e os macacos não conseguiram sobreviver na ilha. Este estudo de caso mostrou que a libertação em ilhas pode não ser uma opção viável para qualquer espécie de macacos e símios reabilitados.

O autor descansa com o grupo de macacos-da-formosa, Macaca cyclopis, libertado numa ilha

Conclusão

A ideia do centro de salvamento é proporcionar abrigo temporário aos animais até que estejam totalmente reabilitados. Depois, os animais qualificados são libertados de novo na natureza, enquanto outros são translocados para jardins zoológicos. Mas, na realidade, as pessoas que dirigem os centros de salvamento, seja na Ásia, na Europa ou na América do Norte, têm tendência a ficar ávidas de dinheiro. Como resultado, todos eles não conseguem compreender o conceito de salvamento e reabilitação como meios temporários. Em vez disso, continuam a gerir os centros como se fossem jardins zoológicos para continuarem a ter acesso a mais dinheiro, nome e fama como os únicos salvadores da vida selvagem, salvando-os da miséria. Mas, na verdade, os macacos resgatados das florestas tropicais do Sudeste Asiático estão presos em Inglaterra. Qual é então o objetivo do salvamento e da reabilitação?

Muitos tratadores de jardins zoológicos reformados juntam-se a este negócio lucrativo para explorar a vida selvagem em nome do salvamento, da reabilitação, do bem-estar animal, da conservação e da educação. Isto acontece em todo o mundo e há muitos exemplos. Desgostosos com este tipo de empreendimentos gananciosos, os conservacionistas exigem agora uma melhor proteção das áreas florestais naturais, onde os animais selvagens podem ser salvos no seu habitat natural e não em centros de salvamento. Todos os centros de salvamento deveriam passar a fazer parte de alguns jardins zoológicos estabelecidos, pelo que ninguém fora do sistema zoológico deveria pensar em geri-los, uma vez que é contraproducente para os objectivos de conservação ex-situ e in-situ.

Como se mostra neste capítulo, a libertação do macaco na ilha desinibida de Taiwan foi um fracasso total. Por isso, uma tal libertação numa ilha não deve voltar a acontecer para nenhuma espécie de primatas. Mas a história está cheia de erros repetidos. Enquanto os biólogos fizerem este trabalho de salvamento e reabilitação por dinheiro, lucro, nome e fama, os centros de salvamento que exploram a vida selvagem continuarão a existir num futuro próximo em todo o mundo. Espero que a próxima geração acorde para erradicar o sistema ignorante de salvar e reabilitar animais para obter benefícios monetários e isso pode ser feito se a sociedade em geral fizer uma introspeção e compreender que os animais selvagens devem ser deixados na natureza. Mesmo que entrem em contacto com humanos, devem ser imediatamente libertados na natureza. Será que precisamos mesmo de um centro para esta simples tarefa?

Referências

1. Lei de Conservação da Vida Selvagem, 1989. Lei de Conservação da Vida Selvagem da República da China 1-3266, Governo da República da China, Taipei, Taiwan.
2. Hsu, M.J., e Agoramoorthy, G. 1997. Conservação da vida selvagem em Taiwan. Conservation Biology 11 (4), 834-836.
3. Agoramoorthy, G. 1996. Conservação e tratamento em cativeiro de orangotangos em Taiwan. Actas da 5ª Conferência da Associação de Parques Zoológicos do Sudeste Asiático, Taipei, Taiwan, ROC, pp. 184-188.
4. Agoramoorthy, G. 1997a. Centros de salvamento e reabilitação de animais selvagens no Sudeste Asiático. International Zoo News 44 (7): 397-400.
5. Agoramoorthy, G. 1997b. Reports: workshops on the relocation of confiscated orangutans and other species in Taiwan and Southeast Asia. Zoos' Print 12 (9): 29-30.

CAPÍTULO 6

Vale a pena reabilitar primatas?

"O Mac é o animal mais cruel" - Friedrich Nietzsche

Introdução

A maior parte dos jardins zoológicos do Sudeste Asiático funcionam como centros de salvamento e reabilitação de animais confiscados. Vi o jardim zoológico de Taipé obter um grande número de répteis de Madagáscar confiscados e altamente ameaçados de extinção. O jardim zoológico continua a exibi-los. Em contrapartida, o mesmo jardim zoológico prefere não dar abrigo aos macacos de Formosa, que são comuns na região. Esta dualidade de critérios pouco ética sugere que os direitos dos animais selvagens em cativeiro são importantes desde que tenham um estatuto de símbolo de perigo de extinção, caso em que o jardim zoológico cuidará deles com muito carinho. [1-2] Uma disposição legal deveria ser acrescentada à atual lei sobre o bem-estar dos animais, afirmando claramente que os jardins zoológicos não podem discriminar os animais selvagens em cativeiro com base na sua vulgaridade ou raridade. Os jardins zoológicos devem tratar todos os animais selvagens em cativeiro da mesma forma, uma vez que têm a responsabilidade de fornecer alojamento a todos os animais selvagens confiscados com o dinheiro dos contribuintes. [3-4]

O conceito obscuro de reabilitação

Outro problema com as operações de salvamento e reabilitação é a falta de clareza jurídica sobre o seu papel específico. É suposto estes centros existirem temporariamente durante um curto período de tempo. No entanto, todos os países do Sudeste Asiático gerem centros de salvamento e reabilitação durante décadas. O mesmo se aplica aos países ocidentais. Por conseguinte, as novas disposições legais devem incluir a separação entre os centros de salvamento e reabilitação de curta duração e os abrigos de cuidados prolongados para animais selvagens em cativeiro. Desta forma, quando os animais resgatados passam pela reabilitação, podem acabar na natureza depois de libertados. Os animais que não podem ser libertados podem ser transferidos para jardins zoológicos. Uma vez terminadas as operações, os respectivos centros de salvamento e reabilitação deixarão de existir. O centro de cuidados prolongados, por outro lado, pode continuar a existir durante alguns anos e depois deve transferir todos os seus animais para jardins zoológicos estabelecidos, para que estes também possam ser encerrados. Atualmente, não existe uma distinção legal, mesmo nos países desenvolvidos, que separe estes dois conceitos ideologicamente diferentes e confusos de salvamento e reabilitação e de cuidados de longa duração.[5]

É ético explorar a reabilitação de macacos para obter lucros?

Na Tailândia, as estâncias e os restaurantes exibem animais selvagens em cativeiro. No Vietname, o parque recreativo recentemente inaugurado, o Vinpearl Land, com um aquário, também exibe répteis e aves. Na Malásia, três estâncias populares, como a estância Shangri-La em Kota Kinabalu, a estância Bukit Merah em Lake Town e a estância de golfe A'Formosa em Melaka, utilizam orangotangos para atrair visitantes. A estância Bukit Merah recebeu orangotangos resgatados do estado malaio de Sarawak há muitos anos e continua a criá-los sem qualquer plano de reintrodução. A estância não libertou nenhum orangotango na natureza. Ao visitarem centros de reabilitação de animais selvagens populares, os empresários concebem a ideia e depois convencem as agências governamentais responsáveis pela conservação da vida selvagem de que querem participar na conservação. Estas estâncias são legalmente instituições zoológicas? Se não, como é que conseguiram obter o único grande macaco da Ásia para exposição e agradar aos seus hóspedes? Será que as agências governamentais precisam de estâncias, restaurantes e centros comerciais para promover a conservação da vida selvagem? Estes exemplos mostram apenas

exploração de macacos por estâncias turísticas para aumentar as suas receitas em nome da reabilitação, conservação e educação da vida selvagem. Por conseguinte, todas as nações do Sudeste Asiático devem refletir sobre as consequências da utilização de animais selvagens em cativeiro por entidades comerciais para atrair clientes, utilizando a marca da conservação.

Se as estâncias turísticas, os restaurantes e os mini-zoos nos centros comerciais forem legalmente autorizados a exibir animais selvagens em cativeiro, então as estações de serviço e os supermercados também poderão solicitar licenças no futuro para poderem entreter os clientes enquanto enchem a gasolina e fazem compras. Será que as agências de proteção da vida selvagem dos países do Sudeste Asiático vão aceitar esquemas tão ridículos? Os organismos responsáveis pela aplicação da lei devem analisar cuidadosamente as propostas com base em méritos profissionais, jurídicos e éticos antes da aprovação final. É imperativo que os políticos, os decisores políticos e o público revejam as leis existentes relativas à utilização de animais selvagens em cativeiro, especialmente os primatas em perigo de extinção, e tomem as medidas adequadas para garantir que os nossos primos mais próximos não sejam explorados pela indústria empresarial em nome do turismo, da educação, da reabilitação e da conservação.

Leis questionáveis sobre o bem-estar dos animais

Mesmo em países como Taiwan, Tailândia, Malásia, Singapura, Indonésia e Filipinas, que têm leis básicas sobre o bem-estar dos animais, os animais selvagens em cativeiro exibidos em estâncias e restaurantes sofrem os piores abusos. Até a famosa estância Shangri-La continua a exibir orangotangos reabilitados na sua reserva natural localizada na estância. O Departamento de Vida Selvagem de Sabah, na Malásia, permite este ato pouco profissional em nome da conservação e da educação. Quando os proprietários de outras estâncias vêem os orangotangos em Shangri-La, sentem-se naturalmente inspirados a obter animais em vias de extinção para entreter os hóspedes do hotel. É assim que os abusos continuam a espalhar-se pela região como uma epidemia. A única forma de pôr cobro a esta utilização abusiva é alterar uma nova disposição legal do atual regulamento sobre a conservação da vida selvagem dos jardins zoológicos da Malásia, que impede as estâncias turísticas, os restaurantes e as empresas comerciais de possuírem ou exibirem animais selvagens em cativeiro. Desta forma, apenas os jardins zoológicos, parques de safaris e aquários com o objetivo de educar e conservar a vida selvagem estão legalmente autorizados a exibir animais selvagens. Se esta disposição legal entrar em vigor, acabará com a exploração da vida selvagem em cativeiro em actividades comerciais.

Todos os países do Sudeste Asiático precisam de leis adequadas para garantir um espaço suficientemente grande para os animais em cativeiro. Além disso, é necessário um maior enriquecimento ambiental e comportamental para garantir que os animais gozem de alguma liberdade e não fiquem apertados em jaulas pequenas. As novas leis devem incluir a informação exacta sobre o tamanho das jaulas de acordo com as espécies e grupos de animais recomendados por especialistas na matéria respeitados internacionalmente. Assim, a lei da Malásia tem potencial para servir de modelo a outros países da região. Depois de a Malásia ter promulgado a lei, o Jardim Zoológico de Melaka, propriedade da agência responsável pela aplicação da lei, o Departamento da Vida Selvagem e dos Parques Nacionais, não conseguiu atualizar os seus compartimentos para animais de modo a cumprirem os requisitos mínimos relativos às jaulas. Em consequência, o governo abandonou o jardim zoológico e adjudicou-o a uma empresa privada. Após a mudança de proprietário, a situação do bem-estar dos animais do jardim zoológico deteriorou-se tristemente.

Conclusão

Os críticos argumentam que o Departamento de Vida Selvagem e Parques Nacionais deveria ter afetado mais fundos para renovar os recintos, melhorando o jardim zoológico de modo a reforçar as normas de bem-estar dos animais. Esse gesto teria demonstrado que o governo se preocupa com os direitos dos animais selvagens em cativeiro mantidos ao seu cuidado. Agora, não é certo que outros proprietários de jardins zoológicos considerem a possibilidade de gastar mais dinheiro na modernização dos jardins zoológicos. Este facto mostra que os governos tendem a seguir a opção mais fácil de "tudo ou nada", pelo que a subcontratação parece ser melhor do que arriscar a responsabilidade de manter as normas de bem-estar.

Referências

1. Agoramoorthy, G. 2002. Avaliações do bem-estar dos animais e da ética nos jardins zoológicos do Sudeste Asiático: Procedimentos e perspectivas. Animal Welfare 11: 295-299.
2. Agoramoorthy, G. 2004. Ethics and welfare in Southeast Asian zoos (Ética e bem-estar nos jardins zoológicos do Sudeste Asiático). Journal of Applied Animal Welfare Science 7: 189-195.
3. Agoramoorthy, G. 2008. Bem-estar dos animais: Assessing animal welfare standards in zoological and recreational parks in South East Asia (Avaliação das normas de bem-estar animal em parques zoológicos e recreativos no Sudeste Asiático). Daya Publishing House, Deli.
4. Barber, J., Lewis, D., Agoramoorthy, G. e Stevenson, M. 2010. Setting standards for evaluation of captive facilities, In: Wild mammals in captivity: Principles and techniques for zoo management, editado por DG Kleiman, KV Thompson e CK Baer, University of Chicago Press, Chicago, pp. 22-36.
5. Agoramoorthy, G. 2017. Direitos éticos e legais dos animais de jardim zoológico no Sudeste Asiático. In: Aumentar os direitos legais dos animais de jardim zoológico: Justice on the ark, editado por J Donahue, Lexington Books, Nova Iorque, pp. 107-130.

Printed by Books on Demand GmbH, Norderstedt / Germany